鹿鸣心理　美国心理学会推荐　心理治疗丛书

理性情绪行为疗法

Rational Emotive Behavior Therapy

〔美〕阿尔伯特·艾利斯 著　〔澳〕黛比·约菲·艾利斯 著

Albert Ellis / Debbie Joffe Ellis

郭建 叶建国 郭本禹/译

郭本禹 主编

重庆大学出版社

译丛序言

毋庸置疑，进入 21 世纪后，人类迅速地置身于一个急剧变化的社会之中，那种在海德格尔眼中"诗意栖居"的生活看似已经与我们的生活渐行渐远，只剩下一个令人憧憬的朦胧魅影。因此，现代人在所谓变得更加现实的假象中丧失了对现实的把握。他们一方面追求享受，主张及时享乐，并且能精明地计算利害得失；另一方面却在真正具有意义的事情上显示出惊人的无知与冷漠。这些重要的事情包括：生与死、理想与现实、幸福与疾苦、存在与价值、尊严与耻辱，等等。例如，2010 年 10 月，轰动全国的"药家鑫事件"中人类心理的冷酷与阴暗面赤裸裸地曝晒在大众同时，当今日益加快的生活节奏、沸沸扬扬的时的社会问题正在不断侵噬着我们的生活乐趣，扰乱着我们的生活节奏。例如，日益激烈的职业与生存竞争导致了现代社会中人际关系的淡薄与疏远，失业、职业倦怠与枯竭、人际焦虑、沟通障碍等一连串的问题催化了"人"与"办公室"的矛盾；家庭关系也因受到社会变革的冲击而蒙上了巨大的阴霾，代沟、婚变、购房压力、赡养义务、子女入学等一系列困难严重地激化了"人"与"家庭"的矛盾。诸如此类的矛盾导致（促使）人们的心灵越来越难以寻觅到一个哪怕只是稍作休憩、调适的时间与空间。这最终引发了各种层出不穷的心理问题。在这种情况下，心理咨询与治疗已然成为了公众的普遍需要之一，其意义、形式与价值也得到了社会的一致认可。例如，在 2008 年面对自我国唐山地震以来最为严重自然灾难之一的四川汶川大地震时，心理治疗与干预就有效地减轻了受灾群众的创伤性体验，并在灾后心理重建方面发挥了不可替代的作用。

值得欣喜的是，我国的心理治疗与咨询事业也在这种大背景下绽放出了旺盛的生命力。2002 年，心理咨询师被纳入《国家职业大典》，从而正式成为一门新的职业。2003 年，国家开始组织心理咨询师职业资格考试。心理咨询师甚至被誉为"21 世纪的金领行业"[1]。目前，我国通过心理咨询师和心理治疗师资格证书考试的人数有 30 万左右。据调查，截至 2009 年 6 月，在苏州持有劳动部颁发的国家二级、三级心理咨询师资格证书者已达到 2 000 多人[2]；截至 2010 年 1 月，在大连拥有国家心理咨询师职业资格证书者有 3 000 多人，这一数字意味着在当地每 2 000 人中即拥有一名心理咨询师[3]。但就目前而言，我国心理治疗与咨询事业还存在着诸多问题。譬如，整个心理治疗与咨询行业管理混乱，人员鱼龙混杂，专业水平参差不齐，从而成为阻碍这一行业发展的瓶颈。"造成这一现象的原因尽管很多，但最根本的原因，乃是大陆心理

---

[1] 徐卫东.心理咨询师，21 世纪的金领行业 [J].中国大学生就业，2010（10）.
[2] 沈渊.苏州国家心理咨询师人数超两千 [N].姑苏晚报，2009-06-07（3）.
[3] 徐晓敬.大连每 2 000 人即拥有一名心理咨询师 [N].辽宁日报，2010-03-24（7）.

咨询师行业未能专业化使然。"^[1]因此，提高心理咨询师与治疗师的专业素养已经成为推动这一行业健康发展亟待解决的问题。

对于普通大众而言，了解心理治疗与咨询的基本知识可以有效地预防自身的心身疾病，改善和提高生活质量；而对于心理治疗与咨询行业的从业人员而言，则更有必要夯实与拓展相关领域的专业知识。这意味着专业的心理治疗与咨询行业工作者除了掌握部分心理治疗与咨询的实践技巧与方法之外，更需要熟悉相应治疗与咨询方案的理念渊源及其核心思想。心理学家吉仁泽（G.Gigerenzer）指出："没有理论的数据就像没有爹娘的孤儿，它们的预期寿命也因此而缩短。"^[2]这一论断同样适用于描述心理治疗技术与其理论之间的关系。事实上，任何一种成功的心理治疗方案都有着独特的、丰厚的思想渊源与理论积淀，而相应的技术与方法不过是这些观念的自然延伸与操作实践而已。"问渠那得清如许，为有源头活水来"，只有建立于治疗理论之上，治疗方法才不致沦为无源之水。

尽管心理治疗与咨询出现的历史不过百年左右，但在这之后，心理治疗理论与方法便如雨后春笋，相互较劲似的一个接一个地冒出了泥土。据统计，20世纪80年代的西方心理学有100多种心理治疗理论，到90年代这个数字就翻了一番，出现了200多种心理治疗理论，而如今心理治疗理论已接近500种。这些治疗理论或方法的发展顺应时代的潮流，但有些一出现便淹没在大潮中，而有些

［1］陈家麟，夏燕.专业化视野内的心理咨询师培训问题研究——对中国大陆心理咨询师培训八年来现状的反思［J］.心理科学，2009，32（4）.
［2］G.Gigerenzer. Surrogates for theories.*Theory & Psychology*，1998，8.

则始终走在潮流的最前沿，如精神分析学、行为主义、人本主义、认知主义、多元文化论、后现代主义等思潮。就拿精神分析学与行为主义来说，它们伴随心理学研究的深化与社会的发展而时刻出现日新月异的变化，衍生出更多的分支、派别。例如，精神分析理论在弗洛伊德之后便出现了心理分析学、个体心理学、自我心理学、客体关系学派、自体心理学、社会文化学派、关系学派、存在分析学、解释精神分析、拉康学派、后现代精神分析、神经精神分析等。又如，行为主义思潮也飞迸出各式各样的浪花：系统脱敏疗法、满灌疗法、暴露疗法、厌恶疗法、代币制疗法、社会学习疗法、认知—行为疗法、生物反馈疗法等。一时间，各种心理治疗理论与方法如繁星般以"你方唱罢我登场"的方式在心理治疗与咨询的天空中竞相斗艳，让人眼花缭乱。

那么，我们应该持怎样的态度去面对如此琳琅满目的心理治疗理论与方法呢？对此，我们想以《爱丽丝漫游奇境记》中的一个故事来表明自己的立场：爱丽丝与一群小动物身上弄湿了，为了弄干身上的水，渡渡鸟（Dodo bird）提议进行一场比赛。他们围着一个圈跑，跑了大概半个小时停下来时，他们发现自己身上的水都干了，可是，没有人注意各自跑了多远，跑了多久，身上是什么时候干的。最后，渡渡鸟说："每个人都获胜了，所有人都应该得到奖励。"心理学家罗森茨韦格（M. Rosenzweig）将之称为"渡渡鸟效应"，即心理治疗有可能是一些共同因素在发挥作用，而不是哪一种特定的技术在治愈来访者。这些共同的因素包括来访者的期望、治疗师的人格、咨访关系的亲密程度等。而且，已有实证研究证实，共同因素对治疗效果发挥的作用远远超过了技术因素。然而，尽管如此，我们认为，各种不同治疗取向的存在还是十分有必要的。对于疾病来说，可能很多"药物"（技术）都能起作用，但是对于人来说，每个人喜欢的"药"的味道却不一样。因此，每一对治疗师与来访者若能选择其喜爱的治疗方法，来共同度过一段时光，岂不美哉？！而且，事实上，经验表明，在治疗某种特定的心理疾病时，也确实存在某些方法使用起来会比另外一些方法更加有效。

因此，在这个越来越多元化发展的世界中，我们当然有理由保持各种心理疗法的存在并促进其发展。美国心理学会（APA）在这方面做了大量工作。APA 对学校开设的课程、受读者欢迎的著作、广泛参与的会议进行了深入的调研，确定了当今心理治疗领域最为重要、最受欢迎、最具时代精神的 24 种理论取向；并且选取了相关领域的领军人物来撰写这套"心理治疗丛书"，这些领军人物不但是相关理论的主要倡导者，也是相关领域的杰出实践者。他们在每本书中对每一种心理治疗理论取向的历史作了简要回顾，对其理论进行了概括性阐述，对其治疗过程进行了翔实的展示，对其理论和疗效作出了恰当的评价，对其未来发展提出了建设性的展望。

这套丛书可谓是"麻雀虽小，五脏俱全"。整套丛书可以用五个字来概括：短、新、全、权、用。"短"是短小精悍，本套丛书每册均 200 页左右，却将每种取向描述得淋漓尽致。"新"是指这套丛书的英文版均是 2009 年及其以后出版的，书中的心理治疗取向都是时下最受欢迎与公认的治疗方法。"全"是指这套丛书几乎涵盖了当今心理治疗领域所有重要的取向，这在国内目前的心理治疗丛书中是不多见的。"权"是指权威性，每一本书都由相关心理治疗领域的领军人物撰写。"用"是指实用性，丛书内容简明、操作性强、案例鲜活，具有很强的实用性。因此，这套丛书对于当今心理咨询与治疗从业者、心理学专业学生以及关注自身心理健康的一般读者来说，都是不错的专业和普及读本。

这套"丛书"共 24 本，先由安徽人民出版社购买其中 9 本书的翻译版权，后由重庆大学出版社购买其中 10 本书的翻译版权。两社领导均对这套"丛书"给予高度重视，并提出具体的指导性意见；两个出版社的各位编辑、版贸部工作人员均付出了辛勤的劳动；各位译者均是活跃在心理学研究、教学和实践的一线工作者，具有扎实的理论功底与敏锐的专业眼光，他们的努力使得本套丛书最终能呈现在各位读者面前。我们在此一并表达诚挚而衷心的感谢！

郭本禹

2013 年 8 月 10 日

于南京郑和宝船遗址·海德卫城

丛书序言

有人可能会认为，在当代心理治疗的临床实践中，循证（evidence based）干预以及有效的治疗结果已经掩盖了理论的重要性。也许是这样吧。但是，作为本丛书的编者，我们并不打算在这里挑起争论。我们确实了解到，心理治疗师一般都会采用这种或那种理论，并根据该理论来进行实践，这是因为他们的经验以及几十年的可靠证据表明，持有一种合理的心理治疗理论，会使治疗取得更大的成功。不过，在具体的助人过程中，理论的作用还是很难解释。下面这段关于解决问题的叙述，将有助于传达理论的重要性。

伊索讲述了一则寓言：关于太阳和风进行比赛，以确定谁最有力量。他们从天空中选中了一个在街上行走的人，风打赌说他能够脱掉那个人的外套，太阳同意了这次比赛。风呼呼地吹着，那个人紧紧地裹着他的外套。风吹得越猛烈，他就裹得越紧。太阳说该轮到他了。他将自己所有的能量照射出温暖的阳光，不一会儿，那个人就把外套脱了。

太阳与风之间比赛脱掉男子的大衣跟心理治疗理论有什么关系呢？我们认为，这个让人迷惑的简短故事强调了理论的重要性，理论作为任何有效干预的先驱——因此也是一种良好结果的先驱。没有一种指导性的理论，我们可能只治疗症状，而没有理解个体的角色。或者，我们可能与来访者产生了强烈的冲突，而对此一点也不理解。有时，间接的帮助手段（阳光）与直接的帮助手段（风）一样有效——如果不是更有效的话。如果没有理论，我们将失去治疗聚焦的方向，而陷入比如社会准则（social correctness）中，并且不想做一些看起来过于简单的事情。

确切地说，理论是什么？《美国心理学会心理学词典》（*APA Dictionary of Psychology*）将理论界定为"一种或一系列相互关联的原理，旨在解释或预测一些相互关联的现象"。在心理治疗中，理论是一系列的原理，应用于解释人类的思想或行为，包括解释是什么导致了人们的改变。在实践中，理论创设了治疗的目标，并详细说明了如何去实现这些目标。哈利（Haley，1997）指出，一种心理治疗理论应该足够简单，以让一般的心理治疗师能够明白，但是也要足够综合，以解释诸多可能发生的事件。而且，理论在激发治疗师与来访者的希望，认为治愈是可能的同时，还引导着行动朝着成功的结果发展。

理论是指南针，指导心理治疗师在临床实践的辽阔领域中航行。航行的工具需要经过调整，以适应思维的发展和探索领域的拓展，心理治疗理论也是一样，需要与时俱进。不同的理论流通常会被称作"思潮"，第一思潮便是心理动力理论（比如，阿德勒的理论、精神分析），第二思潮是学习理论（比如，行为主义、认知—行为学派），第三思潮是人本主义理论（以人为中心理论、格式塔、存在主义），第四思潮是女性主义和多元文化理论，第五思潮是后现代和建构主义理论。在许多方面，这些思潮代表了心理治疗如何适应心理学、社会和认识论以及心理治疗自身性质的变化，并对这些变化作出了回应。心理治疗和指导它的理论都是动态的、回应性的。理论的多样性也证明了相同的人类行为能够以不同的方式概念化（Frew & Spiegler，2008）。

我们创作这套美国心理学会《心理治疗丛书》时，有两个概念一直谨记于心——理论的中心重要性和理论思维的自然演化。我们都彻底地为理论以及驱动每一个模型的复杂思想范畴所着迷。作为教授心理治疗课程的大学教师，我们想要创造出学习材料，不仅要对专业人士以及正在接受培训的专业人员强调主流理论的重要性，还要向读者们展示这些模型的当前形态。通常在关于理论的著作中，对原创理论家的介绍会盖过对模型进展情况的叙述。与此相反，我们的意图是要强调理论的当前应用情况，当然也会提及它们的历史和背景。

这个项目一开始，我们就面临着两个紧迫的决定：选取哪些理论流派，选择谁来撰写？我们查看了研究生阶段的心理治疗理论课程，看看他们所教授的是哪些理论，也查阅了受欢迎的学术著作、文章和会议情况，以确定最能引起人们兴趣的是哪些理论。

然后，我们从当代理论实践的最优秀人选中，列出了一个理想的作者名单。每一位作者都是他所代表取向的主要倡导者之一，同时他们也都是博学的实践者。我们要求每一位作者回顾该理论的核心架构，然后通过循证实践的背景查看该理论，从而将它带进临床实践的现代范畴，并清晰地说明该理论在实际运用中情况如何。

这一丛书我们计划有24本。每一本书既可以单独使用，也可以与其他几本书一起，作为心理治疗理论课程的资料。这一选择使得教师们可以创设出一门课程，讲授他们认为当今最显著的治疗方法。为了支持这一目标，美国心理学会出版社（APA Books）还为每一取向制作了一套DVD，以真实的来访者在实践中演示该理论。许多DVD都展示了超过六次的面谈。有兴趣者可以联系美国心理学会出版社，获得一份完整的DVD项目的清单（http://www.apa.org/videos）。

阿尔伯特·艾利斯（Albert Ellis）是其中的一位。他对心理学治疗领域已经作过许多年的贡献。这本书属于阿尔伯特任职期间的最后出版作品，为此我们深感荣幸。我们感谢黛比·约菲·艾利斯（Debbie Joffe Ellis）用她的技术和技能使这本书永葆活力。同时，拥有他们这样的朋友给我们的生活和事业带来了满足感。

阿尔伯特通过自己的经历不断摸索并创造出理性情绪行为治疗方法（REBT）。他发现运用传统分析方法在现代社会得不到理想的效果。他的发现REBT是一种简单并富有成效的治疗方法。

这种治疗模式对人类的行为提供了一个整体的理解，它阐明了思维、知觉和认知是如何相互作用的。阅读这本书，注意这种治疗方法如何让心理咨询从业者从来访者的描述中有效甄别出需要进行治疗干预的领域。

——乔恩·卡尔森和马特·恩格拉-卡尔森

（Jon Carlson and Matt Englar-Carlson）

参考文献

Frew, J. & Spiegler, M. (2008). *Contemporary psychotherapies for a diverse world*. Boston, MA: Lahaska Press.

Haley, J. (1997). *Leaving home: The therapy of disturbed young people*. New York, NY: Routledge.

C
ONTENTS
目 录

导言

CHAPTER ONE

几乎所有人都有这样的目标：活着并且幸福。然而，很多人没有意识到：幸福不是由外在事件或外在环境创造的，确切地说，是我们对事件以及对自我的认知创造了幸福。那些可以控制自己情绪和行为的人，即使面临困难，也会有更大的机会体验到较多的快乐，较少的痛苦，并保持健康稳定。他们是如何做到的呢？他们会选择以理性现实的方式并以能够自我提升的方法思考问题，在这些过程中，他们产生了恰当的和健康的情绪和行为结果。

作为认知行为疗法的先驱，从一开始理性情绪行为治疗就告诉我们：当人们想要生存和幸福时，他们有欲望去做好重要的任务，去与他人成功相处，去从事能够帮助他们达成目标的事情。当他们强烈地想要得到或者回避一些东西，他们的愿望和欲望会不时地（也是不健康地）升级为需求，或是必需品。他们也会经常地或者错误地认为"当我表现好，我就是一个好人；如果我表现不好，我就是个坏人"。正如他们错误地将他们自己一概定义为"好"或者"坏"，把他人定性为"伟大"或"可恶"。同样的，他们把世界或整个人生整体上划分为"好"或者"坏"。

在理性情绪行为治疗认为，以非理性、不正确的方法去思考、感觉和行动（不加限制地拒绝接受他人和生活），人们就不会实现他们的目标和意图。他们也会制造出不必要的问题，如严重焦虑、抑郁、愤怒等不健康的消极情绪。因为无条件地拒绝接受自己，除了会有前面提到的不健康情绪，人们还会产生不必要的内疚感、羞愧感和自我厌恶感（Ellis：2005b）。

　　建构主义认为人们有相当大的能力构建自助理念、自助情感和自助行为，同样，人们也有能力进行自暴自弃。值得庆幸的是尽管人们有可能进行自我毁灭，但是只要他们愿意，他们也有能力进行自我建设。这一点和凯利（Kelly，1955）的人格建构理论相似，理性情绪行为治疗假设在某种程度上，人们可以选择如何生活；尽管社会上或生理上有局限性，但是通过一定的努力，人们可以极大地改变自己。

　　因为建构特性，人们可以激发自己和强迫自己作出改变。因为拥有高度发达的语言系统，人们可以进行思考、思考，再思考。尽管他们的思想、感觉和行为似乎是分离的或不相干的，实际上彼此之间会相互影响、相互作用。在人们思考时，他们也在感觉和行动。通过让他们认识到自己以非建设性方式进行思考、感觉或行动，人们更有能力鞭策自己以健康理性的方式进行思考、感觉和行动。

　　因此，理性情绪行为治疗讲解了许多种识别、研究和改变非正常行为的思维方法、情绪方式和行为技术，它的方法具有多元性和整体性。这种疗法认为改变消极的倾向和行为并达到预期改变目标需要踏实工作和实践。

　　理性情绪行为治疗虽然极力宣扬洞察力、现实的想法、推理和逻辑，但是它也认为：如果没有强烈的情感、进取心和行动力，想达到持久的改变是不够的。

　　理性情绪行为治疗有很强的教育价值。由于该理论的直接启发和实施经常起作用，所以它对来访者的非理性信念可以采取对话、争论和辩论的方法。理性情绪行为治疗也可以采用其他的教育手段，如阅读文章、书籍，参加讲座、工作坊，观看 CD 和 DVD 影像。这种疗法认为间接教学的方法对许多人很管用，因此，治疗中会使用苏格拉底式对话、寓言故事、诗歌戏剧、比喻对比以及其他交流形式。本疗法极力主张每个人都是与众不同的个体的观点，认为每个人都会找到最适合自己的独特学习工作方式。

　　理性情绪行为治疗是一种以认知为基础的，多元模式的综合治疗方法，在 20 世纪 50 年代由我（Ellis）开创，随后又产生了一些其他的认知方法。从理性情绪行为治疗产生之初，它不仅包括了经验、情绪和行为技术，还包括了哲学。作为理性情绪行为治疗的创造者和创始人，在理性情绪行为治疗创立的早期，我遭到许多心理学专家、精神病学专家及社会学专家的排斥和批判。而今天，绝大多数心理咨询从业者都在使用理性情绪行为治疗这一认知方法，或者使用本方法中的主要方面。在 20 世纪 60 年代初，研究发现那些持有非理性信念的人与那些理性的人相比，前者的焦虑程度更重；他们的非理性意识越强，他们会越容易焦虑（Ellis & Whiteley,1979）。我们已经开始进行效果研究，随后阿伦·贝克（Aaron Beck），唐纳德·梅肯鲍姆（Donald Meichenbaum）以及其他一些学者开始从事这些研究，现在已经有超过 2 000 项关于我创立的认知行为疗法的疗效研究。这些研究表明当人们改变他们固执的、非理性信念，当他们开始变得灵活，不再武断和固执己见时，他们的焦虑感就会减轻。

与大多数其他的认知行为疗法相比，理性情绪行为治疗的最大区别是更强调哲理，它强调无条件接受的重要性。为了帮助人们认识理性情绪行为治疗理论的三个基本点：无条件接受自我，无条件接受他人和无条件接受生活，我应用了本书中描述的认知方法、情绪方法和行为方法。

与其他认知行为治疗理论不同，理性情绪行为治疗理论认为造成人们焦虑的基本原理或非理性观念的关键在于：人们的心理产生了大量的绝对"必须"的想法。尽管许多流行的认知行为理论也包括这些"必须"，但他们并没有像理性情绪行为治疗理论那样阐明这些"必须"存在的潜在原因和根本原因，也没有提及这些焦虑又是如何变得更加严重，如焦虑如何发展为糟糕至极，抗挫折能力低下和自我贬低。理性情绪行为治疗大力敦促人们改变他们核心的非理性的自我挫败的观念。

尽管理性情绪行为治疗专家要求来访者实践无条件接受他人，但治疗家也不能鼓励或培养来访者对他们自己的依赖。理性情绪行为治疗的一个主要目标是鼓励人们即便是没有被他人接受或认可，包括没有治疗专家的帮助，他们也能无条件地接受自己，可以自信自立，又能够选择健康的思考、感受、行动和生活方式。

我们认为理性情绪行为的治疗原则适于教育系统，因此可以教授孩子们如何避免焦虑，当焦虑产生后又如何减轻焦虑，等他们成人后他们就会以健康的方式去想、做和感觉，减少痛苦的经历，在他们的人生中就会体会到更多的幸福感。

  本专著向读者详细地介绍了理性情绪行为治疗的理论和实践。阅读它，欣赏它，应用它并坚持践行它。虽然人生中没有绝对肯定的事情，但是治疗专家、来访者、学生、家庭和朋友们一定会受益匪浅。

  各位不妨试一试，体验一下！

历史

CHAPTER TWO

本章节主要讨论理性情绪行为治疗的起源、发展过程和近代历史。关于该理论的早期发展史详情可以参照《艾利斯自传》（Ellis，2010）。作为该疗法的创始人，阿尔伯特·艾利斯在本章以第一人称对其进行了概述。

起 源

理性情绪行为治疗——尽管可以说是我（Albert Ellis）在1953年到1955年期间建立的新理论，但它很大程度上是我抛弃了自己之前实践了10年之久的自由精神分析而形成的，这个理论在我的童年、青少年时期和成年早期就已经开始萌芽了。

我小时候身体不好，需要住院治疗，而我的父母都非常繁忙——母亲要照顾两个弟弟和妹妹，父亲因为既要工作又要从事其他事务——不像其他小病友的父母，他们没时间经常来看我。为了减轻被忽视的痛苦，我就要控制自己不要沉浸在这些不开心的事情里。我会使自己忙碌起来，比如通过读书，脑海里想象创造出宏伟的计划或幸福的情景，或者和周围的人聊天。这是认知分散方法的最好应用。

我读书时学习成绩优异，考试总能考高分。我有一个外号叫"百科全书"，因为他们认为"我无所不知"。我几乎读遍了可以得到的自己感兴趣的所有书籍，包括古典的和现代的，哲学的和心理学的。特别是在 16 岁之后，我读过的作家有苏格拉底（Socrates）、伊壁鸠鲁（Epicurus）、埃皮克提图（Epictetus）、马可·奥勒留（Marcus Aurelius）、塞尼卡（Seneca）、孔子（Confucius）、老子（Lao Tzu）、释迦牟尼（Gautama Buddha）、爱默生（Emerson）、杜威（Dewey）、桑塔亚纳（Santayana）、罗素（Russell）、维根斯坦（Wittgenstein）、斯宾诺莎（Spinoza）、康德（Kant）、休谟（Hume）、卢梭（Thoreau）、弗洛伊德（Freud）、华生（Waston）、阿德勒（Adler），等等——这里只是列举其中的一些人。

可以说是这些哲学家、心理学家、评论家、小说家、戏剧家、诗人等（还有其他作家）给了我巨大的影响，然而我并非完全相信自己从书中所读的内容。我思考自己读过的东西，批判地摒除自己不认同的观点，尝试实践自己认同的理念。多年之后，我可以在来访者身上应用在我身上使用过的行之有效的方法。

在 1932 年，我 19 岁，被选为激进青年组织的领导者。这需要我进行公开演讲。我决定要努力克服演讲的害怕心理。我用哲理性的教导使自己相信：公开演讲没什么可怕的，即使在演讲过程中感觉不舒服，或表现很差，也没什么坏事发生，这样也不会杀了我的。换言之，我使自己相信了两个哲理：无条件接受自我（比如，无条件接受自己的缺点和失败，仅仅是作为一个人活着，不管能不能做好，不管是否获得别人的认可）和强抗挫能力（如：接受或忍受自己不想要或不喜欢的东西）。后来我把这两个哲理纳入了理性情绪行为治疗中。当我读了约翰·B. 华生（John B. Watson）（1919）——

第一个行为主义学家和他的助手玛丽·卡文·琼斯（Mary Cover Jones）创立的系统脱敏著作后，我更加鼓励自己去做害怕的事情来克服恐惧心理。

结果非常有效！我在数月内逼迫自己进行公开演讲，不仅克服了自己的恐惧心理，而且还发现自己喜欢上演讲，并具有演讲天赋。

然后在 1933 年，大约在我 20 岁生日的前一个月，我决定用同一种方法克服自己不敢跟女性说话的胆怯心理。冒着失败和被拒绝的风险，在大学的暑假 8 月份内，我逼迫自己和 100 个女孩交流。在这 100 个女孩中，我只有过一次约会——而且在约会时那个女孩还没有出现。虽然如此，我从这次经验中发现并没有什么可怕的，因此我成功地克服了这种恐惧并变得善于和女孩交谈。我发现认知、哲学、推理和自我劝说在改变一个人情绪行为功能障碍过程中具有重要价值。

从 1943 年到 1947 年，我尚未使用精神分析治疗方法前，我把理解认知过程作为对来访者的治疗过程中的主要内容。在我实行精神分析治疗方法之后，发现这是自发明以来最没效果的治疗。1952 年，我又回到积极的、指导的治疗方式，并且非常强调对认知的重视。

作为心理医生，我原来专攻的领域是婚姻家庭和性咨询，治疗过程主要向来访者提供关于包括有效沟通和性问题的具体信息，比如怎样帮助他们处理所经历的性问题，如何教育孩子，等等。虽然这些案例的治疗结果通常非常成功，但是我很清楚如果人们可以有效地和他人融洽相处，最好首先要和自己相处好。即使我对弗洛伊德的人格理论持保留意见，随后我还是接受了一期心理分析的强化培训。我在霍妮小组（Horney group）跟着一位受人尊敬的精神分析师学习过正统的精神分析理论，也曾经把这套理论方法用于来访者身上，结果使我对精神分析方法的效率和疗效越来越产生了怀疑。尽管我的不少来访者在几次会谈后也感觉良好，但在稳定地减少有害健康的情绪问题方面，如焦虑、忧伤或生气等，他们很少有所改善，也不知道如何避免这些困扰。于是，我开始减少采用冗长乏味的精神分析方法，开始越来越倾向于积极的、直接的指导，尽管这种指导还是以分析为导向的。

从1952年到1955年早期，我在领域内是一个以积极直接方法，以精神分析为导向的心理治疗师，并取得了良好的效果。在积极直接的方法作用下，我的来访者在短期内感觉更好，也取得了更为持久的疗效。我越来越清楚地洞察到问题所在：这种方法不足以改变或治愈他们——要有战胜造成问题的主要因素的行动。我极力鼓励来访者做他们感到害怕的事情（如：冒被拒绝的风险），具体地明白这些事情都并不可怕。大多数人对我的敦促反应良好，但是也有一些人依然抗拒。他们对自己对他人仍然坚持他们惯常的非理性的思维方法，继续感到焦虑，有敌对情绪和其他一些破坏性情绪。我继续努力将我的心理学知识和哲学知识结合起来。由于人们自身有语言思维能力，所以我认为他们在与父母、他人及与大众社会沟通中能够学会是非判断观念，知道该做什么不该做什么，创造自我限制的自我对话。他们会在没有现实的基础上产生恐惧感，他们理所当然地确信他人的非理性理念是事实。如果他们感到遭到拒绝是非常糟糕的，那是因为他们不停地告诉自己被拒绝很可怕。在他们年轻的时候，他们就已经对自己灌输了这种荒谬的想法。

我避免继续使用以精神分析为主的治疗方法，转而开始使用理性情绪行为治疗。我越来越明白：我的来访者不仅是在他们很小的时候，被灌输自己一无是处这些不合理的错误观点，而且他们在从小的成长过程中就内化了这些错误的观点，认为自己是一无是处的。他们继续自我灌输原来的荒谬理念，使得这种错误荒谬的理念成为他们人生观中的一部分。也许只不过是因为不方便或心情不好，但是他们依然抱有不切实际的不良观念，并且倾向于消极看待事物，把问题严重化，这是我的来访者陷于神经症而无法自拔的主要原因。由于明白他们的神经质行为不仅仅是由外部条件或孩童时被灌输的理念所决定，个体的自我内化和自我再灌输也起重要作用，促使我的工作有了根本性的转变。我不再简单地告诉他们为什么他们会感到烦恼，以及如何消除这些烦恼，现在我也特别关注他们没有说的和没有思考的问题，以便更有效地帮助他们。

我会告诉来访者他们的这些困扰主要来自于他们把别人对自己的谬见当成了事实，实质上他们一直在告诉自己并且在坚持这些错误的理念。我会帮助来访者辨识他们自身的需求——识别出他们观念中哪些东西必然会或者应该会造成他们大多数的困扰。越来越多的来访者了解到消极理念的力量后改变了这些理念，结果他们较少受到困扰，对待别人行为也大为不同。（通过优化目标的方式）在短期内发生了显著的改变，在 1955 年初，理性情绪行为治疗的基本理论、原理和实践就已经被阐述得相当好。

我把自己关于理性情绪行为治疗的第一篇学术文章命名为《理性心理治疗》，我特别强调"理性"是因为这种方法和现有的理论方法截然不同，我认为现有的很多理论都是反理性的。现行的理论关于认知方面鲜为提及，但是在我的著作中，我强调思考，同时也强调感觉和行为。这篇文章在时间上有些超前，理论本身在某些方面仍然是超前的。

1956 年 8 月 31 日，在芝加哥的美国心理学会（American Psychological association，APA）的年会上我陈述了该理论（Ellis，1956），在 1955 年的心理学会议上我曾提交过简洁版本的理论。我曾在 1957 年发表过关于这个课题的文章，但是因为发表推迟，直到 1958 年年初，这篇文章才在《普通心理学》杂志上问世。

鲍勃·哈珀是我的朋友、同事，也是我专著《理性生活指南》的合著者（Ellis & Harper，1961），1961 年我将其易名《理性情绪治疗》。我们希望人们认识到这是一种关于理性、情绪和行为的方法，但是人们往往只局限于理性二字。

多年之后，我的另外一个朋友和同事，雷·科尔希尼，建议我将其改为理性情绪行为治疗，但是因为通过我的专著、期刊文章和工作坊，理性情绪治疗已经名声在外，我一直没有这么做。直到 1993 年，我才接受他的建议。当年我为行为治疗专家写了一篇文章，旨在表明我做的是理性情绪行为治疗，自那以后，理性情绪行为治

2 历 史 017

疗这一名词诞生了。

理性情绪行为治疗并非是静止不前的，多年之前，这一理论就开始在不断扩展并不断完善。支持此项理论假设的研究日益增多。关于此项理论，我有 80 多部专著，发表过 800 多篇学术文章。在美国心理学会临床和咨询心理学家的调查报告中，我是排名第二的最有影响力的心理治疗专家，仅次于卡尔·罗杰斯（Carl Rogers），在西格蒙德·弗洛伊德（Sigmund Freud）之前。在黑森克尔（Heesacker）、赫普纳（Heppner）和罗杰斯（Rogers）在 1982 年（Smith，1982）的研究中，我是自 1957 年以来 27 年里在三大主要咨询期刊上被引用最多的学者，而在加拿大临床心理学家的研究中，我被认为是最有影响力的心理治疗师，其次是卡尔·罗杰斯和阿伦·贝克（Warner，1991）。

目前当代的方法和发展

1955 年 1 月，我创始了理性情绪行为治疗。此后，在 1956 年 8 月，我在美国心理学会上介绍过这种理论，自此以后，特别是通过我的著作《如何和神经症共存》（1957a）和《心理治疗中的理性与情绪》（1962）将其介绍给广大读者。1963 年阿伦·"蒂姆"·贝克 (Aaron T. "Tim" Beck) 声称自己创始认知疗法和认知行为疗法时，对我的著作相当熟悉。他在一篇关于思考和抑郁的重要作用的文章中曾暗示过（1963）。我们的不同主要是形式上的不同，如1979年我给蒂姆的信中谈到，我们都是直接教会人们造成他们困扰的基本原理（下一章节会详细谈及）（Ellis，2010）。不同的是，理性情绪行为治疗医师会直接地、极力地、激烈地和来访者辩驳他们的非理性理念，贝克的认知治疗医师会慢慢地间接地同来访者辩论。在2003年，我（Ellis，2003）、蒂姆·贝克（Tim Beck）和克里斯汀·帕德斯基（Christine Padesky）（Padesky & Beck，2003）写过理性情绪行为治疗和认知行为疗法的相同之处，并且一致认为理性情绪行为治疗强调将哲学和心理治疗结合起来，特别强调无条件接受自我，无条件接受他人和无条件接受生活（Ellis，2005a）。

前面我已经提及过理性情绪行为治疗的一些先驱：我儿童时代和青年时期所读过的并且深思过的哲学家和作家们。普通语义学家阿尔弗雷德·科日布斯基（Alfred Korzybski）的著作影响巨大（1933/1990）。当今的哲学家如伯特兰·罗素（Bertrand Russell）也一样有重大影响（1950）。保罗·迪布瓦（Paul Dubois）使用有说服形式的心理治疗法（1907）；亚历山大·赫兹伯格（Alexander Herzberg）发明了家庭作业（1945）；希波吕特·伯恩海姆（Hippolyte Bernhein）（1947）和埃米尔·库埃（Émile Coué）（1923）是使用催眠和积极引导方法的前驱（D.J. 艾利斯，2010）。我曾经接受过卡伦·霍妮（Karen Horney）心理分析方法的培训，她"固执的必须或应该信念"（tyranny of the shoulds）理念也经常在理性情绪行为治疗中提及。阿尔弗雷德·阿德勒（Alfred Adler），心理治疗领域理性情绪行为治疗的先驱，认为"一个人的行为来自于他的观念"，理性情绪行为治疗和阿德勒的其他假设也有相似之处，包括社会利益等方面（Adler，1964）。

　　心理学领域出现的其他方法，如海耶斯（Hayes，Strosahl & Wilson，1999）的接受实现治疗，在很多方面都和理性情绪行为治疗相似，只是在术语的使用上大为不同。在我看来，怀特的（White & Epston，1990）叙事治疗也包含理性情绪行为治疗的基本原理，但却没有给予它应有的赞誉。格拉瑟（Glasser's）（1998）选择治疗与理性情绪行为治疗极为相似，对于这点，格拉瑟也对理性情绪行为治疗给予了肯定。值得信任的"认知"研究小组也吸收了理性情绪行为治疗的技巧和基本原理但却没有表示赞许，比如，韦恩·戴尔（Wayner Dyer）（1977）在写他的畅销书《你的误区》之前接受过理性情绪行为治疗的培训，也实践过理性情绪行为治疗，他的这本书，依我看，完全是理性情绪行为治疗，但他却从不承认。凯斯（Keys）（1977）在他的著作《高级意识手册》中也是如此，他的这本书完全是我和鲍勃·哈珀（Bob Harper）（1977）的合著《理性生活指南》的改写。

　　许多作者抄袭理性情绪行为治疗的理论和实践，并把他们完全当作自己的理论。还有一些人，有意或无意地使用理性情绪行为治疗主要原理却把这些原理归功于其他认知行为的作者。一些心灵或自我成长小组创始者，如沃纳·埃哈德（Werner Erhard）也使用理性情绪行为治疗的原理而没有加以承认。非常遗憾诸如此类的事情一直在上演，但是正如理性情绪行为治疗所说，这并不可怕。

　　由于这种疗法非常有效，我们坚信理性情绪行为治疗将来会稳步扎实地发展下去。我们将会继续督促来访者改变他们根本的非理性的自暴自弃的观念。我们希望将来会有更多的实证研究，研究中任何一个方面不完善都可以作出添加和修改。我们希望任何方面的修改都是在冷静实际、严格的实证研究的基础上作出的。同时，我希望会有更多金钱和时间用于这项研究和其他的认知情绪行为治疗研究：研究、再研究是维持和完善治疗效果的具体途径。

　　最近，我写过很多关于理性情绪行为治疗和佛教的相似之处，关于这个话题，我和黛比也做过此类工作坊。我最近对藏传佛教的许多方面产生了认同，但我也对藏传佛教的一些神秘地方和禅宗佛教的某些方面持怀疑态度。然而，佛教的许多教义和理性情绪行为治疗的基本原理极为相同。在理性情绪行为治疗中我强调思考、感觉和行动这些都受到年轻时读过的佛教教义的影响——在认知、情绪和行为三种健康功能过程中使用积极和直接的方法。这两种方法都提倡开发敏锐认知能力——专注力和赞同描述感知的重要性，也就是，在认清现实后再作评判，并且在合适的时候作出有益的改变。二者都认识到思维里包含许多夸张和错觉并且建议思考时要消除这些曲解。二者都鼓励对无益的非理性想法进行推理、审查和辩论。二者一致认为除了外界问题本身，人们对待问题的态度和观点也会制造痛苦，而且有的时候，比外界事物本身带来的痛苦还要多。二者并不以自我为中心也并不自私，这两种方法都比较人性化，目的具有理性。二者都用非极端方式积极地教会自己无条件接受，鼓励宽容别人宽容自己。两种方法都从实际角度教会你如何在社会上有效地生活。二者都赞同以怀疑和开放的态度接受他们的原理，并鼓励人们用科学的方法和理论来检验他们的原理。

　　最近几年我一再强调，"无条件接受"是理性情绪行为治疗的核心理念。我专著《自尊的神话》（2005b）集中论述了这一观点。我特别强调这一点，可能由于我已经将理性情绪行为治疗理论应用于我们生活的时代，如21世纪日益增多的恐怖主义威胁的原因，主要由于缺少无条件接受他人的理念，导致产生了疯狂的仇恨。

　　也许是因为在写这本书时，我已经在我生活中积极应用无条件接受理念。遗憾的是，我在1959年创立了研究所，而近年来研究所的负责人使用的心理学方法，我认为背弃了理性情绪行为治疗理论。没有我的知识，使命宣言就会改变。在2005年，我被免去了研究所的所有职务并且被罢黜了董事会的职务，当时我是研究所的董事长。在2006年元月份，曼哈顿州的最高法院裁定，董事会在没有我参加的会议上罢黜我的职务是不合法的。法官的裁定使我在董事会中官复原职，对于我，他说研究所"不诚实"地对待我的立场是不公平的，他引用判例法说"在没有任何通知的情况或没有任何权利对质的情况下，这种免职是有失公允的，违反了民主法律程序中的基本过程，违反了公平公正的原则，也有悖于法律精神"。关于我的不公平待遇我还可以说很多很多，包括2005年不让我在研究所的大楼教学（尽管有许多限定条件，我和妻子黛比在研究所大楼附近租了一处继续从事教学）。遗憾的是，我认为那个带有我名字的学院不再代表我或是理性情绪行为治疗理论，也不再是完成理性情绪行为治疗既定目标的地方。然而，经历了这段时期的磨难，我仍然坚持无条件接受。

　　在我死后，我委托我的妻子，本书的合著者黛比·约菲·艾利斯继续完成我的著作。希望这一大批受过理性情绪行为治疗理论很好培训的治疗师，继续坚持这些原理，不要削弱这些原理，追随它并且传授它，尽力和来访者、自己以及其他的心理从业者努力践行无条件接受自我、无条件接受他人、无条件接受生活的理念。随着理性情绪行为治疗不断地被研究证实，很可能会有更多的人看到：尽管它不是唯一有效的治疗方法，但这种方法很可能对大多数人在多数情况下是更好的治疗方法。

理 论

CHAPTER THREE

本章我们主要介绍理性情绪行为治疗的理论知识。理性情绪行为治疗的目标非常简单，其主要目标是帮助他人减少痛苦，更好地享受生活。

理性情绪行为治疗理论主要是以清晰、简单、易懂的语言向人们传授减少痛苦、享受生活的知识和技能。力图培训一批优秀教师和优秀理性情绪行为治疗医师，与学生们和来访者们共同分享理性情绪行为治疗，并鼓励社会大众阅读关于理性情绪行为治疗的推荐读物，参加关于理性情绪行为治疗的经验报告会和工作坊。鼓励人们将所学的知识付诸实践。仅有深刻的见解不足以产生持久有益的改变，还需要不断地进行工作和实践。为了在治疗中达成这些目标，治疗医师需要有这方面的理论知识。我们在这里对理论做个简单的介绍。

我们告诉自己什么：理性思维和非理性思维

理性情绪行为治疗理论的主要原理有：

1. 引发我们情绪和行为的不是诱发事件本身，而是我们对诱发事件的认识和态度。换言之，人们痛苦烦恼并非只是因为生活中发生的不幸事件（A），也包括他们对不幸事件产生的感受、信念和行为 (B)。因此，A 和 B 合在一起，就会造成困扰（或不困扰）的结果（C）。他们的困扰情绪（非困扰情绪）部分原因是由他们对不幸事件（A）的反应（B）造成的。我们可以通过我们的思维方式控制自己的情绪和行为。

2. 理性情绪行为治疗全面看待思维、情绪和行为之间的相互关系和内在关联——就是说，引发 C（结果）的 B（人们对不幸事件的反应）中包括思维、情绪和行为，所有这些共同导致了他们健康和不健康行为结果。当人们把不幸事件看作"不好的事"，他们以理性的观念作出合理的情绪行为反应（B），例如"我不喜欢这些不幸事情，我希望它们从来没有发生过。但是它们确确实实存在，不过我可以应对"。这时他们就会体会到理性情绪行为治疗中的良性反应，如悲伤、失望和沮丧。这些良性反应使得他们能够应对不幸事件（A）。当人们把他们的不幸当作"可怕的事情"和"糟糕的事情"，认为"他们受不了、扛不住了"。这时他们就会产生非理性理念和作出不合理的情绪行为，他们会有抑郁、愤怒和焦虑的反应。他们就会感到困扰，不能很好地处理不幸事件（As）。

举个例子，我们假定不幸事件（A）是有人毁谤你，诬告你有道德败坏的行为，结果（C）是你感到异常愤怒。不会是恶言或非难（A）本身造成了你的愤怒（C），而是你对事件的看法（B）使得你愤怒无比。很可能，你会这样想，"他不应该那样说我，可恶的东西。他们应该尊重我，对我友好点，不应该这样诬告我。他这么做简直坏透了，我对他已经忍无可忍"。

如果在 B 中（对上述事件的看法），你告诉自己，"他又来了——他那样说我真让我觉得可耻。我不喜欢他那样，但也不是世界末日，我可以承受的。尽管在我看来，他那样说是不道德的，但是金无足赤，人无完人——我有时也会犯错——我不会把他说的话当真的"。这时很可能你会觉得有些失望，但也许只有一丝淡淡的沮丧。这些都是对不开心事情的良性反应，与不良的不正常的愤怒不同。

理性情绪行为治疗理论承认生理和环境习得方面的影响。

3. 人类生来就有理性和非理性两种思维方式。人们有意识地选择如何理解—感觉—行动（对于 B），如果他们作出了不正常的选择（人们经常作这种不正常的选择），他们可以重新作出正确的选择。人们能够学会分辨出 B 过程中正确选择和不正常选择之间的不同（特别是在心理治疗的帮助下），能够学会纠正他们不正常的理念—感觉—行为，并且在实践中，他们会习惯地喜欢理性选择而不喜欢非理性选择，因此使得他们自己较少地受到干扰。然而，是人们的生物特性和习得特性，使得他们在人生中不断地退回到不正常的 B 中去，也正因为这个原因，他们才不会完全的理性或正常。正如 2 500 多年前佛教所说：人生有开化和蒙昧两种状态，绝不会完全是或一直是开化状态。

4. 理性思维和非理性思维有不同之处。

理性思维：

■ 理性思维建立在实际经验基础之上；

■ 正确地认识事物；

■ 和需求相反——更愿意事情按照自己的希望发展；

■ 不诅咒自己、他人和生活；

■ 抗挫折能力强，具有健康的合理情绪。

非理性思维：

■ 夸大，把事情往坏处想并且将其灾难化；

■ 要求（认为应该，必须，应当）事情向自己希望的那个方向发展；

■ 批评指责；

■ 抗挫折能力弱；

■ 产生不健康的负面情绪。

许多治疗师，尤其是那些精神分析派的治疗医师，认为如果来访者发现他们自己困惑不安的根源所在，他们从此以后就会发现他们的神经症为何一直存在，继而该如何克服（Ellis，1962；Freud，1965）。理性情绪行为治疗不同意这种假设并且坚持认为了解人们起初为何行为不合逻辑并不能告诉我们为何他们保持这种不合理的行为方式或者他们该怎么才能改变这种行为方式。这种观点特别正确，因为人们也许在遭受主要困扰折磨的同时也忍受次要困扰的痛苦。比如，一个人担心在即将来临的面试中不被录取（主要困扰），接着为这种焦虑而担心（次要困扰）。理解主要焦虑的来源也许未必能帮助他理解和克服他的次要症状。根据理性情绪行为治疗理论，理解和克服困扰的关键在于：（a）识别出非理性信念，并且找出它们如何引起不快乐和困惑；（b）和这些非理性信念作辩论；（c）对非理性信念进行反思，用理性的、自助的和提高生活的方式重新描述这些信念。

1956 年 8 月 31 日，在芝加哥的美国心理学会年会上，我第一次对理性情绪行为治疗做了陈述，我分享了一些人们通常会有的非理性理念，他们轻率地有意识地对他们自己一遍又一遍地灌输这些不正确的思想，从而产生了自暴自弃等一系列的不健康情绪和行为。有些非理性理念是由父母灌输的；也有的是由大众文化传媒传播的；还有些非理性理念是人们自己创造性编造的。具体包括如下方面：

1. 迫切需要得到重要他人的喜爱和认可，而不是理性地把思想集中在无条件接受自我方面。

2. 一些行为是错误的、恶劣的或者是卑鄙可耻的，具有这些行为的人一定是坏透了、该死的，相比之下，理性观念认为这些行为不合适、比较可恶，具有这些行为的人最好还是适当地约束自己或者恰当地处理一下，而不应该把他们诅咒为坏透了或者是一无是处。

3. 当事情没有向他们预计的方向发展，就是糟糕的、可怕的和灾难性的；相比之下，理性观念认为当事情没有往你希望的方向去发展是不好，但是你一定可以试着改变或控制事情的发展情况，因此它们会变得更加让人满意，但是如果不能控制或改变这些不利状况，最好还是接受它们的存在，并且停止告诉自己它们有多么的糟糕。

4. 不合意的状况一定不能存在，当它们确实存在时，它们会直接引起人们的困扰；相比之下，理性观念认为你们的大多数不幸是由他们看待事情的方式造成的而不是事情本身引起的。

5. 如果有些事情确实或也许是危险的或可怕的，你必定会特别担心；相比之下，理性观念认为如果事情确实是危险的或可怕的，你可以尽你所能坦然地面对它，试着把它看作不危险，如果这样做行不通，想想别的事情，但是不要告诉自己这个事情绝对不存在。

6. 一定不能有麻烦，逃避比面对生活中的困难和自我责任容易得多；相比之下，理性想法是长远看来，这种所谓的简单方法始终会是一个更大的难题，直接面对这些难题是解决难题的最好途径。

7. 你需要依靠一个比你更强更大的人或物；相比之下，理性理念是面对生活中的困难处境，激发自己独立生活，从自身找安慰，相信自己的能力通常是更好、更为健康。

8. 在任何可能的方面，你都应该能够胜任，机智并且有所成就；相反，理性理念告诉我们要去做，并非总是做到最好，你应该无条件接受自己，接受自己不完美，"人非圣贤，孰能无过"，要接受自己有不足之处。

9. 因为有些事曾经强烈影响了你的生活，这些事还会不定期地影响你；而理性理念告诉我们你可以从过去的经验中汲取教训，但不能过于受其影响，或者对它们产生偏见。

10. 他们绝不能那样做，我应该改变他们，让他们按照我想的方式去做；相反，理性理念认为他人的不足大部分是他们自己的问题，你要求他们作出改变也不太可能会帮助他们，除非他们自己想要改变。

11. 人们可以通过懒惰和无为取得幸福；相反，理性观念认为只有当人们以健康的方式思考，积极地投身于创新性的追求中，并将自己奉献给人民或者将自己置之度外时，人们才是最幸福的。

12. 事实上人们不能够控制自己的情绪，控制不了自己去想一些事情；相反，理性观念是如果你努力对抗，致力于改变这些引起不健康想法的非理性理念，你完全可以控制自己的情绪。

可见，"应该"或"必须"这两种强迫性思维是非理性理念的固有特性。

无条件接受

根据理性情绪行为治疗的理论和实践，当一个人坚持使用但并非始终使用下面三个重要的基本原则，他就可以在生活中保持稳定的情绪并且保持一个良好的状态，佛教上称之为"大彻大悟"（Dalai Lama & Cultler，1998；Sogyal Rinpoche，1993）。

1. 无条件接受自我（USA）。是的，总是接受自己的弱点。著名的哲学家阿尔弗雷德·科日布斯基（1993/1990）认为：人会反对自己的所作所为——因为自己的过失，诅咒自己。当然，作为一个人，也许你犯下很多错误，但请记住，你还有其他机会，千万不要因为几个过失，就诅咒自己。

2. 无条件接受他人（UOA）。正如你不会因为自己的愚蠢而责怪自己，坚决不要去责怪他人的过失。我们是普通人，难免会犯错。你知道他们如何把事情弄糟的，但不要因为他们把事情弄砸了而指责他们（Korzybski，1933/1990）。你要努力对这些犯错者表示同情。

3. 无条件接受生活（ULA）。你看到了生活中的不公正、不公平和不道德现象，在可能的情况下，你努力去完善它。然而，你并没有因此而断定人生没有希望，永远不会改变。你接受生活，当你暂时不能改善它时，你可以认为生活"不好"或"不太满意"，而不要认为生活是"可怕的"或者"糟糕的"。你要乐观地认为这一切都会改变的——并且尽力去改变它，但是千万不要绝望或者失望。

理性情绪行为治疗提醒我们通过坚持贯彻无条件接受自我，无条件接受他人和无条件接受生活，特别是在艰难时期，不要发牢骚，停止抱怨，不要要求生活中事事公平、公正、美好，尽管我们不能总得到自己想要的东西，但我们也可以通过努力维持稳定。尽管事实上生活并不容易，但当我们将 USA、UOA 和 ULA 在生活中实践，我们会依然拥有自我，拥有可能的快乐。

ABC(或 ABCDE) 理论

理性情绪行为治疗中的 ABC(或 ABCDE) 理论阐述了诱发事件和事件结果之间的联系，认为事件引发结果的过程中人们对事件的信念发挥了作用，并且提出用辩论的方式和实际的新观念等理性理念代替非理性理念。它简化了说明我们如何自我焦虑及如何排除焦虑的过程。来访者得益于治疗师向他们传授此种方法，个人也得益于将这种方法付诸实践，特别是在学习理性情绪行为治疗技术初期，通过写作的方法描述 ABC：

A 代表诱发事件或不幸。我们清楚地阐述所发生的事件。

C 代表后果。其中包括行为后果和情绪后果。

尽管我们对事件的观念 B 发生在后果 C 之前，在处理事情的过程中，首先识别出后果 C，注意哪种情绪是"不良"的消极情绪，如焦虑、抑郁、愤怒、羞愧、罪恶、嫉妒和伤害，这是非常有帮助的。理性情绪行为治疗不是要试图改变"良性"消极情绪，如烦恼、挫败、后悔和失望，因为这些情绪是对困境的正常反应，不会像不良情绪那样经常折磨一个人。

B 代表信念或信仰体系。人们的信仰体系中包括功能信念或理性信念和非功能信念或非理性信念，包括明智的行为上的信念，也包括强烈的情绪上的信念。如前文所述，他们的理性行为，即合理行为往往从愿望和偏爱为出发点（如"我想要表现好一点得到重要他人的认可"），而非理性行为或者是不合理行为通常太绝对化，以必须、应该和一定要为出发点（如"我应该/必须/一定要表现好以获得重要他人的认可"）。记住当人们想要把非理性行为（它们会产生自暴自弃的结果）改变为理性行为（为他们带来自我帮助的结果）时，最好致力于他们观念—情绪—行为过程，而不仅仅是改变自己的观念，这一点是非常重要的。更具体地说，这意味着，他们最好积极地改变他们的不合理信念，与此同时，坚持对非理性表示反感并抵制它们。为什么？因为，正如我们早已注意到，他们的信念总是包括情绪和行为两方面且二者密切相关。

D 代表争论。区别出理性观念和非理性观念后，人们保留自己的喜好，形成有效的健康的新理念。人们通过与非理性观念进行积极的辩解争论从而改变它们的要求，达到上述目的。

下面是辩论和理性质问的三种主要形式：

1. 现实辩论。在这种形式的辩论中，通过调查非理性理念背后实实在在的事实，对非理性观念进行质疑。通常问的典型问题包括：为什么我必须要表现好？我必须要得到重要他人认可的证据何在？哪里明文规定了？真的这么糟糕透顶吗？我真的不能忍受了吗？

2. 逻辑辩论。在这种形式的辩论中，调查非理性理念的潜在逻辑。典型的问题有：我们的观念合乎逻辑吗？这些事情是不是我的爱好？是不是如果我表现差了没有得到别人的认可我就是一个没有能力的人？

3. 实用辩论。在这种形式的辩论中，人们研究持有非理性理念的实际后果。典型的问题有：持有这种观念对我有帮助还是有害？如果我坚持自己必须要做好，自己总是要得到重要他人的认可，我会得到什么样的结果？

当人们坚持与自己非理性理念进行争论，并保留自己的理性理念，后果就是 E，它代表有实际效用的新观念。在认识自己，认识他人和认识世界时，这些观念立场就比较健康、有用和现实。具有实际效用的新观念的例子如下："不管我表现得如何不好，我也不是一个坏人——只是那一刻没有表现好"；"尽管目前我的人生比较艰难不太顺利，但那并不意味着世界都是不好的或者说我的人生都糟糕至极，也并不表示这些情况会永远持续下去"。在这一点上，人们会产生其他恰当的解决问题的陈述。

享有并保持健康爱好，并继续放弃不合理的要求，需要继续使用理性情绪行为治疗技术。接下来我们进入理性情绪行为治疗的重要概念。

工作和实践

工作和实践会带来最持久的改变，不仅感觉上变好，而且也确实会变好。下面几页是关于思维、感觉和行为方面的理性情绪行为治疗技术，其他理性情绪行为治疗的相关著作也描述过这些技术。理性情绪行为治疗推荐根据每个人最想要摆脱的困扰，尝试最适合他们的技术。它建议每一种技术都要慎重做实验。如这种技术不行，它推荐使用另一种方法，这种也不行，再使用另外一种，依此类推。即便找到一种有用的方法，也极力要求尝试其他的技术。理性情绪行为治疗推荐多次使用一种方法，反复评估取得的进步（或者没有进步），保持重复、重复、再重复，认真地大力贯彻这些方法。

理性情绪行为治疗的多元性

理性情绪行为治疗是多元的——它创作了理智、情感和行为方面的技术，并且改进了其他治疗师的一些方法，这些方法和理性情绪行为治疗和谐地融为一体。

理性情绪行为治疗是把情绪方法和行为方法与思维方式结合为一体的先驱。人们使用认知方法、情绪方法和行为方法已经有数百年的历史。最初，哲学家们、宗教领袖、神职人员（精神领袖）和治疗师们使用这些方法来帮助生活在困扰中的人们。许多技术被后来的治疗师采用并改进，如皮埃尔·让内 (Pierre Janet)（1898），保罗·迪布瓦 (Paul Dubois)（1907），阿尔弗雷德·阿德勒 (Alferd Adler)（1929）。在 20 世纪 50 年代，这些方法已不再使用，乔治·凯利 (George Kelly)（1955) 和我（Ellis）分别各自重新使用这些技术，在 20 世纪 60 年代和 70 年代，阿伦·贝克（1976），唐纳德·梅肯鲍姆（Donald Meichenbaum）（1977），威廉·格拉泽（William Glasser）（1965），大卫·巴洛（David Barlow）（1988），还有其他的治疗专家使用认知行为疗法中的许多技巧，再一次复兴了这种治疗技术。

下面是理性情绪行为治疗中主要的认知、情绪和行为技术。

认知技术

治疗情绪和行为困扰的 ABC(ABCDE) 方法

本章的开始部分已经讲解了这种方法。

合理的伴随症状

合理的伴随症状包括对焦虑的担心，对抑郁的忧虑，等等。自责并接受失败对改变主要困扰有帮助，认识到这一点并不是说你就是一个失败者。回到使用 ABC 方法治疗伴随症状。

评估效用成本比

这涉及在现行条件下，一个人无条件接受自我，无条件接受他人和无条件接受生活，即一个人在生活中的行为和活动。列出各种情况下的利与弊，判断哪种情况下改变会较为有利。

分散注意力的方法

这些方法包括沉思冥想、瑜伽和其他的放松技巧，包括锻炼，但是通常这些方法只是权宜之计，只能作用一会儿。尽管不是完美的一流方法，但确实可以帮助你后退一步，振作起来，还可能帮你客观地分析困扰。

模仿

阿尔伯特·班杜拉（Albert Bandura）（1997），还有其他的心理学家曾经使用模仿技能来帮助孩子们和成年人获得学习技能，理性情绪行为治疗师和认知行为治疗师多次教授他们的来访者如何成功使用这一方法（J.S.Beck，1995；Ellis，2001a, 2001b, 2003a, 2003b, 2005b）。下面是使用此种技巧的几种方法：

■ 从你认识的人中找到你想成为的人，观察他们是如何呈现态度，表达情绪，举止得当的。把他们的相关思想、感觉和行为当作自己的模范。

■ 观察你不认识的人——也许是名人，不管已逝的还是活着的——把他们当作楷模。一些来访者听到伊壁鸠鲁的故事觉得颇受启发：当时作为罗马奴隶的伊壁鸠鲁警告他的主人不要勒紧他腿上的铁链和铁球，因为这样会弄断他的腿。但主人没有听他的话，反而拉紧了铁链最后弄断了他的腿。然而伊壁鸠鲁没有生气，也没有疼痛，平静地对主人说："你瞧，我的腿断了。"他的主人对他不生气、接受自己的印象深刻，并释放了他，给了他自由，最后，伊壁鸠鲁成为罗马领先的斯多葛派哲学家。我的理性情绪行为治疗理论中吸纳了他的哲学理念，我特别喜欢他的格言："人不会受事件本身的干扰，干扰人的是人们对待事件的态度和观点。"此格言记录在公元 1 世纪的《伊壁鸠鲁手册》中（P.54，Ellis，1962）。有的来访者把伊壁鸠鲁当作接受和不生气等行为举止的典范，他们大多数时候用伊壁鸠鲁的方式解决问题，帮助自己。男演员克里斯托夫·里夫（Christopher Reeve）在一次骑马比赛中摔伤了，全身瘫痪。报刊文章报道了他如何在生命中的最后时光参加干细胞研究等其他事业，尽管他重度残疾，他依然保持了完好的形象，功绩赫赫（Christopher & Dana Reeve Foundation，2010）。许多人认为他是接受逆境的楷模，他是一个尽管有着很多限制，依然积极向上的英雄，还可以找到很多积极行为和观点的范例。

文献—音频—视频疗法

古今关于理性情绪行为治疗和其他认知行为疗法，以及各种各样提高生活理念的书籍和有记录的信息来源，对不断追求和巩固合适的理性实践有帮助。

和他人谈论理性情绪行为治疗

通过使用理性情绪行为治疗的原理帮助他人，更加巩固了理性情绪行为治疗的原则。劝说他人不要固执、不理智就是帮助他人劝说他们自己不要不理智。这在集体治疗的场景下特别适用。

问题解决

理性情绪行为治疗鼓励解决实际问题。这包括观察个人面临的逆境，并想出值得尝试的行动方案。

哲理讨论

理性情绪行为治疗也可以包括和来访者、学生们进行大量的哲理性的讨论。

情绪—感情技巧

理性情绪想象

理性情绪想象是一种快速将不良的消极情绪转换为健康情绪的有效练习，这件事每天花很短的时间就可以做。正如使用想象一样，它也包括认知。除了针对来访者教会他们自主学习使用想象的方法外，我们也经常在工作坊对自愿观众采用这种方法，特别是我（Albert Ellis）40多年前在"星期五之夜"工作坊中多次使用此种技术。和来访者一样，志愿者和观众观察员一致地反馈汇报说，这种方法帮助他们建立起联系，帮助他们改变了强烈的不正常情绪。这种方法是小马克西·莫尔茨比1968年跟我学习后1971年开创的。许多治疗师都支持这种技术（A.A. Lazarus，1997）。

理性情绪想象帮助人们生动体验理性情绪行为治疗的基本概念：当人们面临困境，悲伤、失望、挫败、苦恼和不开心等消极情绪都是健康的、恰当的感觉。当不幸出现时，一个人若是觉得高兴或者不冷不淡的，事实上这是异常。某些消极情绪在帮助人们处理不开心情境，激励他们尝试改变时是非常必要的。问题是几乎所有人类都可以轻易地把健康的消极情绪（如失望和后悔）转化为困扰情绪（如焦虑、抑郁、愤怒和自怜）。这些情绪都是合理的，从这个意义上说，这些情绪都是合理情绪，然而，这些消极情绪不能帮助人们反而使他们精力憔悴。因此，使用理性情绪想象还是较为可取的，一个人想象一件让他非常不舒服的事情，并想象通常情况下会对此事所作出的反应，努力感受那种不健康的消极情绪。有这种感觉的人，能强烈地感受它们，并通过改变对相似不幸处境的看法，努力把这些消极的情绪转化为健康的负面情绪。当个体把他们的情绪转化为健康的负面情绪后，然后他们就会坚持践行这些健康的负面情绪，最好至少一天一次，坚持30天，直到不管任何时候遇到困难，他们都会无意识地或自觉地产生这些健康的负面情绪。他们一般在2～3分钟内产生健康的负面情绪，而通常在几周后他们就能自动地呈现出这些情绪。通过多年的实践，许多人在改变非正常的焦虑、内疚、抑郁和生气的过程中取得了很好的效果。

羞愧体验练习（Shame—Attacking Exercises）

这种情绪唤醒行为练习在理性情绪行为治疗中是非常有名的。

一般认为，许多受辱的人都错误地苛求自己绝不能以愚蠢的方式行事或在别人面前表现出愚蠢、错误或笨拙。当他们要求自己"不应该"或"不可以"犯错时，他们就会感到惭愧、尴尬、羞辱或是忧郁，或是五味杂陈、百感交集。羞愧来自于对人的行为和人本身的判断——来自于错误的理解，即当他们认为一个人行为不端或者行为一文不值时，认为这个人也是如此。这是错误的。羞愧体验练习不是要阻止人们评定自己所作所为的成败，而是要鼓励他们消除自责的心理。它包括做人们认为不体面的事，做通常人们不屑于做的事情，比如在正式场合穿上不合时宜的衣服，在做这个"丢脸"的举动时，他要努力找出自己的想法和情绪，因此他就不会觉得尴尬了——他要故意做一件愚蠢的事，因此他不会指责自己。我想和大家分享我多年来的一个建议：在地铁或是在公交车上大声喊出停车站的名字，但当车子经过这个站点时却不下车，仍然待在车上，这时人们就会盯着你看，这是练习无条件接受自我和停止自责的一个非常好的机会。

强烈推荐使用应对性表述

自理性情绪行为治疗初期起，我就推荐我的来访者和社会大众识别出自己的非理性理念，并对其进行强烈的争论而不是对其想出合理的应对性的叙述。到了 20 世纪 70 年代，认知行为治疗专家如阿伦·贝克（1976）、唐纳德·梅肯鲍姆（1977），小马克西·莫尔茨比（Maxie Maultsby Jr）（1971）和大卫·彭斯（David Burns）（1980）也鼓励他们的来访者这样做。我们已经描述过成功的辩论如何带来健康的应对性表述。我们对自己一遍又一遍地重述这些应对性表述，并且表述中要有气度和力度。随着时间的推移，我们真的深信它们是真理并且坚信其好处。因此他们竭力重复它们，并选择相关的应对性表述。下面是一些有用的表述：

- 我能够忍受我不喜欢的东西。我只是不喜欢而已。
- 即使在某个方面我失败了，但我绝对绝对不是个失败家。
- 没有哪件事是糟糕透顶的，只是有些不便。

角色扮演

在治疗中，无论在工作坊还是团体治疗里，角色扮演在唤起困扰情绪方面，对发生作用的信念进行争辩和不受干扰的过程中都有帮助。在朋友间、亲戚间或者团体治疗的成员里，和他们一起表演角色游戏，表演那些被认为是困难的处境。举个例子，如果情境是个冒险的求职面试，在面试中，扮演者要给这个胆怯的人吃点苦头，而希望克服恐惧的这个人要尽全力在面试中取得成功。其他人在场观看这次角色扮演，然后邀请他们对这次面试进行评论。然后再进行一次角色扮演。如果在接下来的角色扮演中这个人还会感到焦虑，这个"面试者"，他或她（也包括在场任何人）要寻找造成焦虑和不安全的"应该、应当和必须"的因素。然后对这些因素极力进行辩论。目的是帮助这个人获得健康的担心而不是不健康的焦虑。互换角色也是有用的，在角色游戏中，用另一个声音，坚持辩论并说服其他人摆脱这些产生焦虑的思想观念。

制作激烈争辩的录音带

在这个练习中，一个人录制下自己的某些非理性理念，如"我必须要一直成功并总能得到他人的认可"。然后在同一录音带中录制下这个人对这些非理性理念的辩论，辩论要有现实性、逻辑性和实用性，尽量让这场辩论语言有力且富有感情。然后可以和几个挑剔的朋友一起听录制完辩论的磁带，他们会注意到这场辩论的激烈程度，并给你留下宝贵的反馈信息，如此反复进行直到你深信不疑为止。

使用幽默

鼓励人们不要把自己、他人和自己的行为或他人的行为太当真，鼓励他们从健康的角度看待问题。我（Albert Ellis）曾写下数百首理性幽默歌曲，在这个方面很有帮助。

行为技巧

阅读认知—情绪技能的前两个部分，或许你会注意到在认知、情绪和行为技能方面有些共通之处，下面的技巧绝大部分是行为技能，你会再次看到重叠点。我们提醒你从1955年至今乃至将来，理性情绪行为治疗的一个主导思想是：人们的思维、感觉和行为包括各个重要方面都融为一体。

系统脱敏疗法

理性情绪行为理论推荐系列的任务。在这些系列的任务中，一个人暴露于让自己不舒服的情境中，或者在系统的任务中完成一系列分级任务，并强迫他重复做他害怕的事情，直到害怕消失（Ellis & Harper，1961，1975，1997）。例如：如果一个人有社会焦虑，刚开始，他可以参加社交聚会，然后和一两个人交谈；到了第三次，他可以作出更大的努力去认识那儿的某个人；第四次，他可以安排下次同某人约会的时间；如此等等。一个人冒险做他害怕的事情，是要向自己证明，即使他没有完成目标，他们也不是失败者，还可以再次继续尝试，继续生活。随着时间的推移，不断地重复合理的应对性表述，焦虑、恐惧和厌恶心理就会消失。

使用强化

弗雷德·斯金纳（Fred Skinner's，1971）和约瑟夫·沃尔普（Joseph Wolpe's，1990）的强化技能几乎可用于任何一种行为方法。例如：如果你许诺去做一些羞愧脱敏训练，但是当你拒绝做这些训练的时候，你的羞怯感就会与之俱增。只有在完成自己分内的事后，你才能用一些简单愉快的任务增强自己，比如听音乐或和你的朋友一起社交。然而，请记住目标的首要任务是做一些羞愧脱敏，把这些训练当作日常工作，使得它们做起来比较容易。但是，其次，当一个人在受到攻击时，冷静地看待为何在一个人受到攻击时，这些联系特别能够增强他们的自我接受程度。如果逼迫一个人当着难缠的人和挑剔的人的面做羞愧脱敏训练，效果会更加有效。这个人可以在和自己的羞愧作斗争的同时也与自己作斗争。

使用强化惩罚

当来访者不能完成羞愧脱敏训练和繁重的家庭作业时，弗雷德·斯金纳（1971）反对惩罚他们。尽管如此，我们自己发现惩罚有时候是非常有用的，几乎是能帮助人做他不喜欢做的事情的唯一方法，我们也特别鼓励这样去做。

技能训练

理性情绪行为治疗专门从事于鼓励人去行动，如完成作业，训练某个人想要发展的技能——比如，学习在公共场合演讲的课程，或自信心训练，读书疗法，等等。

复发预防

鼓励人们采取行动预防复发，如果有复发要接受，如果他们仍然行为不正常，要用自助想法、自助情绪和自助行为。

唱理性幽默歌曲

这在前面的章节已经有所提及，这些歌曲可以防止过于严肃，可以帮助你正确看待事物——特别当你满怀热情放声高歌时。下面是一首经典的歌曲：

我只爱烦恼

（歌词：Albert Ellis；旋律：Eubie Blake；作曲："我只爱哈利"）

啊，我只爱烦恼，

烦恼对我着迷，

我们正是两个让生活变得可怕的人，

并让生活充满焦虑！

啊，烦恼无比痛苦，

我要寻找烦恼的保修单；

啊，我只爱烦恼，

046 理性情绪行为疗法 > > > > > >

烦恼也只爱我，

对我从来不温柔，

烦恼只是欺骗我。

普通语义学

理性情绪行为治疗接受普通语义学的理论。理性情绪行为治疗中结合了普通语义学的一些主要原理，而我们，正如阿尔弗雷德·科日布斯基（普通语义学创始人），教育各自的读者不要过于笼统，要更加理智地思考。科日布斯基（1933/1990）说"是"这个词只是代表身份，是一种论断，是语义学中述谓结构，这鼓励了我。阿尔伯特·艾利斯自理性情绪疗法形成期以来，一直帮助来访者认识到自己做的事情既有好的方面又有坏的方面，但是这并不代表他们就是好人或坏人，或是不好不坏的人。从一开始，理性情绪行为治疗就教人们不要评论自己或人格，只是评论与他们举止行为、目标相关的举止行为。我们认为科日布斯基可能会支持理性情绪行为治疗，提出反对人们使用绝对的、武断的和过于笼统的字眼，如应该要和必须要。他也支持多增加一些限制性的词语。因为他认为在语义反应上，这样做可以发挥灵活性，并显示更高的条件性。科日布斯基也确切地阐述了理性情绪行为治疗中的次生症状概念（如："对焦虑的担心"），通过讨论次生反应（如："考虑思考"，"疑惑的疑惑"，"对恐惧的恐惧"）。他支持物理和数学的思维方式（这包括寻找客观依据，准确观察客观依据，并根据依据作出可能的合乎逻辑的评价和预测），并且说这种方法把科学和正常的心理问题联系在一起。他告诫说抽象的术语不足为信，且建立在其上的推测也是危险的，容易误导人。我在对心理治疗方法中的超个人理念和实践，以及对过度神秘性进行的各种批判中，详述了科日布斯基对各种危险神秘主义的反对。在我年轻的时候，我越思考科日布斯基的名作《科学和理智》(1933/1990)，我越被这个创新的标题所吸引。实践理性情绪行为治疗多年后，我尝试使用科学的方法来检查此种疗法的结果，评估它的效果。如理性情绪行为治疗中的 D 点所述，科学地、现实地并合理地同神经官能症产生的非理性观念作辩论，这种方法帮助了数百名来访者。在此之后，我发现在同他人的不正常理念进行辩论方面，理性情绪行为治疗和其他的认知行为疗法往往表明神经官能症和反科学有很多地方相似，并且心理健康和科学在某些地方也极为相似。

人本主义观点

理性情绪行为治疗遵循人本主义理念。理性情绪行为治疗和许多普通的认知疗法都是心理疗法中最人性的。它涉及人们最特别的认知和信仰，而不是主要关注刺激因素（如：童年早期原因）、各种症状和反应。理性情绪行为治疗鼓励选择和存在主义自由，然而也承认我们生物特性的影响。这种方法非常明智，对于情绪上的困扰，它反对简单地关注去除症状，而鼓励采用理性再教育和重建优良性格的方法。它鼓励培养个体高挫折承受能力，能够坦然面对生活中的挑战，坦然接受自己及他人的错误和缺点。它鼓励平衡处理短期享乐和长期享乐之间的关系。最重要的是，它努力告诉人们如何实际地、无条件地接受他们自己、他人和整个世界。它鼓励以宽容善良的心对待自己和他人。它接受世界的一切可能性、不确定性和无序性；不带有绝对性，鼓励灵活性。

理性情绪行为治疗既鼓励个性也鼓励社会性；同时，提醒人们他们的自我责任心和照顾自己的重要性；它也推荐社会利益，提倡和其他人一起参与社区活动，并为他们的社区尽一份力。如果可能，走出社区，为整个世界的事业作出贡献。

结　论

对那些一贯使用理性情绪行为治疗的人而言，这是一套一流的、充实的和有效的自我激励方法。根据我们的经历、临床经验和发现以及研究发现结果，我们相信确实如此。我们不要求使用理性情绪行为治疗来减少或根除内心的痛苦，或是尽可能多地创作更多的幸福，但是我们明显特别喜欢这种方法。

治疗过程：
主要改变机制

C H A P T E R   F O U R

理性情绪行为治疗努力为来访者实现持久的改变。前面几章已经介绍了理性情绪行为治疗的基本概念和技能，并且指出此种方法的目的是帮助彻底改变为人们带来困扰的思想，而不仅仅是消除表面症状。此种疗法承认来访者在取得进步后仍然有反弹的倾向，并教他们预防反弹的方法（如：定期自我监控，抵抗任何一种会导致反弹的非理性信念）。如果确有反弹，也教他们如何无条件接受自己，并鼓励他们恢复自助思想、自助情绪和自助行为。因为理性情绪行为治疗需要相对较少的治疗时间，且可在治疗领域外的各种场合使用，如在家中，工作中或休闲娱乐活动期间。然而，要提醒来访者和所有使用理性情绪行为治疗的人，有些人的受益来自持续的治疗工作和多年的实践。此疗法表明，因为他们能选择自己的想法、感觉和行为，所以要为此负责任。此疗法也告诉来访者很大程度上他们如何制造出自己的情绪困扰，然后教他们如何毁掉困扰，如何预防反复现象。理性情绪行为治疗旨在提倡使用心理教育方法帮助来访者帮助他们自己，也可以把此方法传授给一大批非来访者，为了达到这一目标，理性情绪行为治疗包括书籍疗法、声频疗法、电视疗法、讲座、工作坊和课程。

改变绝对性思维

根据理性情绪行为治疗，重度抑郁、焦虑、敌意、愤怒和其他非正常状态的主要原理是缺乏无条件接受自己、无条件接受他人和无条件接受生活的态度。它们也会由一个人的坚持、命令和需要造成，一个人绝对地必须要思考、感觉，要比别人做得好，在任何时候，如果他做得不好，至少经常他会认为自己能力不够，是个无用的人，几乎从没做好过，是个不可爱的没有价值的东西。确切地说，他强烈相信下面的绝对假设：

■ "我必须做好。"

■ "我必须做得非常好。"

■ "我必须做得非常非常完美。"

根据这些假设，得出错误的结论，比如：

■ "如果我没有做到，我就不配拥有任何快乐。"

■ "如果我没有做到，我就一无是处。"

■ "如果我没有做到，我就一点不可爱。"

■ "如果我没有做到，我将会永远失败并被拒绝。"

■ "如果我没有做到，我将会被完全孤立。"

■ "如果我没有做到，我就不能享受任何事情。"

■ "如果我没有做到，我不配来这世走这一遭。"

注意：绝对的假设，如"无论在什么条件下，无论何时，我必须总是做好"。往往导致错误的结论，从逻辑上说，这些结论是由不现实的假设产生的。如果假设冰激凌有毒，结论将是：假如一个人想要继续活下去，就不要吃它。为什么不能？

一个人的绝对性假设是过于笼统的，正如阿尔弗雷德·科日布斯基在《科学与理智》（1933/1990）中所言：如果一个人绝对地必须要做好，那么他总是要那么做，在任何情况下都如此，没有例外。关于他或她绝对性假设中所得出的结论也是过于笼统的：他没有用，彻底不值得，一点都不可爱，并总是感觉不能享受任何事，不配来世上走一遭。这些结论相当极端，而且非常不现实。

然而，正如科日布斯基所说，人们在社会上本能地会归纳概括，或过于以偏概全。我们天生地倾向于这么做，根据理性情绪行为治疗理论，因此会让我们产生抑郁、焦虑、愤怒、憎恨等情绪。幸运的是，人们天生也是结构主义者，我们没有必要做出这些绝对性假设或从假设中得出"合乎逻辑"的推断。即便我们这样做，我们也会考虑它们的弊端，重新思考，重新做假设，重新得出结论。

理性情绪行为治疗理论教我们如何产生明智的、非绝对的假设，如何得到全面的而非过于笼统的结论。理性情绪行为治疗提醒我们注意并留心检查我们的假设和结论。这种治疗鼓励我们保留健康现实的需求、欲望、目标和价值，并放弃绝对化的应该、应当、必须、命令和要求。

1937年，在我24岁时，我（Albert Ellis）就看到这点并很好地帮助自己处理了那时的问题。我疯狂地爱上了卡瑞尔（Karyl），我的第一任妻子。她变化无常而且还优柔寡断，和她在一起，我什么事也办不成。她头天表明她爱我，第二天她就会说我对她而言太理想了，并且她对其他男人产生了兴趣。和卡瑞尔争吵后的第二个午夜，由于为我们关系的摇摆不定而深受折磨，回家途中，我决定在布朗克斯植物园中的湖边散散步，我想重新考虑所有的事情。我意识到自己特别爱卡瑞尔，但是这种爱情给我带来了太多的痛苦。我想也许结束这段感情会更好，我需要找一个能够持久爱我，而非朝三暮四的女人。

　　突然间，值得注意的是，我找到走出困境和痛苦的方法。我认识到为我带来痛苦的不是我不能满足对她的强烈欲望，而是我迫切需要得到她的爱。我愚蠢地认为她对我的感觉绝对如同我对她的感觉，而且这也是解决问题的唯一方法。荒谬！突然我意识到如果我想的话，我能够控制住自己对她的爱和强烈的欲望。同时，我可以放弃我一定会有的需要需求以及必定要坚持的东西，她也一样可以。我可以不计回报地去爱。我清楚地认识到我顽固的坚持：无论在何种条件下，我必须要得到自己想要的，必须要有人爱我，并且我绝不能痛苦；这些坚持只会引起焦虑、抑郁、愤怒和其他极端的失望。我认为如果一个人持有这些不现实的理念，持久的幸福就不会存在。所以那次在湖边20分钟的散步，我放弃了许多自己的需要。当我将此事告诉卡瑞尔，她被打动了，她也需要这种类型的爱情，并且建议我们尝试一场毫无需求的婚姻。后来发生的很长的故事我都记录在自传里（Ellis，2010）。但是这次惊奇的发现传达给我此生的主要信息是：我有强烈的欲望，我要努力实现其中的大部分愿望，但是我很少，如果有的话，认为我绝对需要自己想要得到的东西或我绝对要避免自己厌恶的东西。后来，这种反对需要主义，反对糟糕透顶的想法和反对必须化的观念（Musturbation）成为理性情绪行为治疗中的核心部分。

卡伦·霍妮（Karen Horney）是一个自由的非弗洛伊德式的心理分析专家，1950 年她在专著《应该 / 必须的残酷性》中肯定了我的观点。我在研读她的著作之前，在 1943 年，当我开始从事心理治疗时，我修改了自己的思想。从那以后，我也把它称为"应该 / 必须的残酷性"。不要有必须化的观念！

反对僵化思维和使用理性应对理念

用阿诺德·拉扎勒斯（Arnold Lazarus's）（1989，1997）的话说，理性情绪行为治疗中的许多思想、情绪、行为疗法帮助我们认清并同我们的必须和需要做辩驳，这是一种开创性的多元治疗方法。它告诉你如何说服别人不要命令，而是把这些命令转化为简单的喜爱，然后建立反对必须化的观念的理性应对表达。理查德·拉扎勒斯（Richard Lazarus）和他的同事们已经在这方面作出了广泛的研究，研究表明这些方法极为有效（R.S.Lazarus，1966；R.S.Lazarus & Folkman，1984）。同样地，理性情绪行为治疗的临床实践和研究也证实了它们，并且他们说，许多研究都支持这种方法。

在一个人认清并整理完自己的假设和结论后，记下理性的应对理念是很有帮助的。用理性的应对观念代替不合理的假设，确保新假设都是喜爱和欲望，而不是绝对性的必须和应该，且这些假设也没有过于笼统或绝对性的表述。比如，如果一个人感到抑郁，固执地按照下面指示的方法进行思考、感觉和行为，如"我必须要在工作和爱情中表现好，因为如果我做不好，我就很无用"。有些理性的应对理念如下：

■ "我非常想在工作中、在爱情里把事情做好，但是当然我没有必要这么做。如果我做得不好，我的工作和我的爱情也许会失败，但是我做人的价值并不取决于此。因为许多事情我能做得很好，不能仅仅因为一些拒绝就评定我的一生。"

■ "这次我做得不好，但是下次我会做好。"

■ "我并没有把事情做得特别糟，我会努力克服抗挫性弱的缺点，致力于取得进步。"（PMA 是 PYA 的变体。可参见本书后面的关键词索引。）

■ "'人非圣贤，孰能无过'，我也有做不好的时候。"

■ "将我不好的表现往坏处想，往往会变得更糟糕，我可以选择不往坏的方面想。"

■ "尽管在工作中从未成功过，我也可以在生活中的其他方面过得幸福。"

■ "如果我更加努力地和别人建立好关系，很可能我就会建立非常愉快的友谊。"

■ "尽管在工作方面我没有明显地取得进展，但我可以总是接受自己或是在没做好时鄙视自己。我选择接受自己。"

因此，用上述健康的观念改变不良的非理性观念，另外，再使

>   >   >   >

用另外的认知、情绪和行为技能，理性情绪行为治疗是十分有效的。

治疗师—来访者的角色关系

尽管理性情绪行为治疗确实承认健康的治疗师—来访者关系能够帮助来访者自身及其困扰发生有利的改变，但并不是提议这是发生改变的主要原因。尽管这是发生改变的主要原因之一，但我们认为在治疗过程中采取好的治疗理论和有效的治疗技能和技术是非常重要的。

如果治疗师没有对他们的来访者充分讲述治疗理论和治疗技术，来访者也许会不太愿意，或不愿意和治疗师坦诚交流或认真倾听，这会减少来访者掌握并使用治疗理论技能的机会。因此，把理论阐述清楚是治疗师治疗方法中的重要部分，也必定会有助于来访者在治疗过程中"产生良好的感觉"，但是我们认为对于让许多长程的来访者"产生良好的感觉"，这不是关键所在，甚至也没必要。

当然理性情绪行为治疗赞成利用完全倾听、对来访者的情绪作出反应，大力鼓励帮助来访者更加清醒地认识自己，并作出有利的改变的方法，与来访者建立融洽的关系。同时，它承认治疗师与来访者建立太热情太亲切的关系存在危险。这对迫切需要得到认可的来访者不利，治疗师的出现，非常支持他们，这样会加重来访者的需要。理性情绪行为治疗建议治疗师关注来访者想要得到认可的任何需要。这样会防止治疗师使用某些重要的理性情绪行为治疗技能，如同来访者的非理性理念进行辩驳，或是布置具有挑战性的家庭作业。因此，如果治疗师与来访者建立起过于热情亲密的关系，理性情绪行为治疗鼓励治疗师审视他们这样做的动机。

在提高认识自己和改变自己的过程中，理性情绪行为治疗邀请来访者积极参与其中，并是治疗师的平等合作者。然而，理性情绪行为治疗把治疗师的角色看作非常积极的指导老师，在具备丰富的知识处理自我困扰、自我帮助倾向方面，至少比来访者了解更多。这样，在解释、探索、解读来访者的非正常行为并同其进行辩驳的过程中，以及帮助来访者想出所面临问题的对策和解决方法的过程中，治疗师就相应地处于主导地位。

治疗师的角色

治疗的目标主要是帮助来访者减轻痛苦，通过教他们如何减少困扰，如何能够让生活更加幸福和满足。一个给力的治疗师的主要角色之一是一位善于教学的心理教育专家，他可以教育来访者知晓：

■ 他们是如何造成自己的困扰的；

■ 他们如何才能不困扰自己；

■ 如何在大部分时间里产生健康的情绪；

■ 如何维持治疗中取得的成果。

帮助来访者心情变好无疑是有好处的。短期内，当他们心情变好了，功能（工作）就变好。来访者在许多方面都可以变好。通过集中精力追求自己感兴趣或令人快乐的事情，如运动、冥想、瑜伽、阅读和上网，来访者可以转移注意力，愉快地从问题和烦恼中解脱出来。他们也可能会使用不健康的方式分散精力，如喝酒、吸毒还有别的类似的逃避方式。当治疗师表达善意、鼓励、乐观、开心、支持、移情和接受时，来访者可以心情变好。然而，这并不意味着他们会康复，康复是最重要的，并且对大多数人来说也是最难达成的。康复包括情绪变好，体验较少的困扰（情绪行为和认知方面）。努力预防困扰的复发，当新的苦难发生时，能够使用方法尽量地减少困扰。

因此，一个给力的治疗师会耐心、认真地教来访者理性情绪行为治疗的主要原理以及与之相关的适宜的认知、行为和情绪方法。一个给力的理性情绪行为治疗师帮助来访者努力实现无条件接受自我（冷静地、情绪地和行为地）。这是帮助来访者康复的重要部分。

一个给力的治疗师坚持致力于实现并保持来访者的无条件接受他人，特别是在来访者病情反复、抵抗或在其他方面阻碍了自己发展的情况下。理性情绪行为治疗师试图尽可能地实践理性情绪行为治疗理论，并做健康行为的模范。他们竭尽全力教来访者真实地无条件接受他人。

给力的理性情绪行为治疗师会主动地、极力地、坚决地并直接地引起来访者关注自己的错误——如非理性思维、蔑视他人、轻视自己和其他主要的认知错误。给力的理性情绪行为治疗师不会等待来访者自己获得领悟，但是如果他们自己产生了顿悟，治疗师承认并鼓励这种进步。

给力的理性情绪行为治疗师会鼓励来访者使用各种各样的心理教育学资源，如：合适的书籍、CD、DVD、讲座、工作坊、课程，甚至相关的电影。给来访者布置家庭作业。经常提醒来访者要通过不断的工作和实践实现持久的改变。治疗师记得检查来访者的作业是否完成了，如果没有完成，不用批评或惩罚，治疗师会和来访者一起探索为什么没有完成，特别要找出是否有自我挫败的思想在起作用。

给力的理性情绪行为治疗师会认真仔细地倾听。治疗师具有创新性和先验性，会用故事或者寓言表达自己的观点，并富有幽默感且时常使用幽默，是重要且有利的。给力的理性情绪行为治疗师是开明的、是不武断的；他们回避过于笼统的和其他"非理性情绪行为治疗"的语言。他们有帮助来访者和激励来访者的强烈欲望。他们解决问题时富有创意，且非常合乎道德。他们能够尽可能经常说服自己（"医人要先医己"），并将理论付诸实践。他们有丰富的知识和经验，他们抗挫折能力强；可以清楚地很好地进行沟通，且沟通时能够善解人意，更重要的是，他们喜欢做治疗。

所有的方面都重要并且有用，但是我们提醒你：最重要的是治疗师的理性情绪行为治疗理论和方法，这些理论方法鼓励认识、反馈、哲学思考和行动。

有时，我（Albert Ellis）因为和来访者使用生动有趣的语言而
出名。我是有意这样做的，在本章后面的我和萨拉一起工作的副本
中你可得知。为了帮助来访者，为了使我的观点难以忘记，我措辞
有力并且风趣，旨在让来访者震惊，帮助他们跳出僵化的思想。我
并不是说所有的理性情绪行为治疗师最好要追随我的风格，我毫无
此意。然而，我强烈建议治疗师用最能帮助来访者的方式表达自己，
虽然这意味着会让来访者感觉不舒服。

来访者的角色

来访者理解理性情绪行为治疗的理论和原理越透彻，他或她就
越会使用该原理，会越完成治疗师给他布置的家庭作业，他或她
的生活中会发生更多更大的持久改变。对正在进行的工作和实践更
是如此。

一个目的明确的来访者会致力于在有感觉变好和转好需要的时
候采取行动。

当来访者愿意承认自己有自我干扰的倾向，并且不低估或否认
它们时，当来访者承认在认识和改变先天性功能缺陷或后天习得的
功能缺陷方面的任何困难时，他们就更容易达到现实的治疗目标。
不管有没有这些困难，他们会努力无条件接受自己，并接受任何可
能会发生的反复。如果他们继续采取行动，对他们的治疗会更成功。

对理性情绪行为治疗过程和可能出现的结果有现实的期待，并接受进展来自于他们积极参与治疗过程这个事实，对来访者来说是很有帮助的。他们认为不可能有神奇的疗效和奇迹——通过适当的努力，他们要对自己的情绪负责任。

来访者不愿意体验良性的改变，就不能坚持辩驳他们的非理性观念。原因很多，其中包括拒绝做认知任务，对过程及自己要做的事理解不够，极度困扰，浮华虚夸，懒惰或是无组织。他们拒绝为他们的不良情绪负责任，在情绪上拒绝改变他们的行为和信念。他们也许迫切需要得到他人的认可，包括得到治疗师的认可。他们抵抗诚实，抵抗给他们直接的反馈。比起取得进步的人或更加固执、叛逆的人，他们也许更感到极度的抑郁或困扰。通常在理性情绪行为治疗的行为方面表现不好的来访者，往往挫折承受能力也低、有不良嗜好、过着紊乱的生活，而且也许会患有各种精神病（而不是神经症）。

对于有单一主要症状的来访者和严重受到困扰的来访者而言，理性情绪行为治疗对于前者更有效。长期逃避的人属于较难治的来访者；他们自己不做出努力，却不断地希望立即出现神奇的疗效。

虽然如此，在我们多年的临床实践中，我发现大多数“难治的来访者”在理性情绪行为治疗的帮助下，取得了一些进步。例如，每一个治疗师都曾与有精神病的来访者一起工作，如精神分裂症。当接受药物治疗并联系“实际”时，在我们的工作中，许多反应灵敏的来访者能够理解理性情绪行为治疗的概念，并尤其能从逐渐养成的无条件接受自我中获益——他们完全接受自己，作为一个有价值并容易犯错的人——尽管有残疾，包括接受自己的残疾。

当来访者和治疗师一致认为已经取得了巨大的进步，并且认为在现有的基础上，来访者可以熟练运用理性情绪行为治疗，能够维持治疗中的效果，且避免新的困扰时，终止理性情绪行为治疗的个体治疗是合适的。在常规疗程停止后，安排一些追踪疗程来监督进步，并处理存留的问题或新问题，是很有帮助的。有些来访者终止个体治疗，加入一期理性情绪行为治疗的团体治疗（或更长时间），并参加理性情绪行为治疗工作坊、表演和课程也是可取的。继续阅读理性情绪行为治疗和其他有益的书籍、资料也是有用的。

许多我（Albert Ellis）以前的来访者会参加我的"礼拜五夜间工作坊"，也参加我和黛比主持别的表演节目。这些可以帮助他们坚持和增强他们的自我意识，并使用理性情绪行为治疗原理。（注：黛比·约菲·艾利斯将会按照她丈夫的传统继续开展定期的工作坊。）

短程和长程的策略与技巧

短程治疗

我在开创理性情绪行为治疗时，目的是创立一套对多数来访者而言有效并且短程的疗法。从1947—1953年，我有过当精神分析师的经历，在此期间，我发现了许多精神分析冗长乏味、烦琐啰唆且没有效率。我开始使用理性情绪行为治疗(因为我有效率的基因),这是一种既有短期疗程又有长期疗程的治疗方法。因为生理和环境原因而极度困扰的来访者,通常从长程治疗和集中治疗中获益更多,但是许多自我困扰的人或自主神经敏感的人通过5~12次的疗程,疗效显著,而且在有些案例中,疗程会更短。

当来访者理解理性情绪行为治疗原理,知道他们如何会产生困扰,如何选择保持健康的思想、良好的感觉、健康的行为时,他们正在走向情绪稳定和取得更大成就的路上。他们懂得,通过继续实践理性情绪行为治疗原理,他们会维持自己的进步——他们努力这样去做。富有持久成效的有效治疗是一个终生的过程,由治疗师首先发起,用自我治疗和后续努力(在适当的时候,采用追踪疗程和巩固疗程)维持成效。

因此,在有效的短程理性情绪行为疗程中,来访者很快明白:

■ 他们的情绪困扰大部分是由非理性思想产生的,是他们把喜好升级为绝对的应该、应当和必须的结果;

■ 通过积极地、极力辩驳他们的绝对性要求——用思想、感觉和行动的方法维持他们的喜好,要求能够转化为健康的爱好;

■ 不正常的思想、感觉和行为很容易就会复发,需要做出持续的努力阻止其发生;

■ 如果出现反复,他们可以无条件接受自己的复发,明白有时人们有反复的倾向,明白人们很容易犯错——然后,他们可以回到曾经所使用过的方法;

■ 在以后的日子里，他们最好要乐意做"家庭作业"。

我（Albert Ellis）有句名言是："人生中必然有痛苦，也必然有快乐。通过现实地思考、感受和行动来享受你的一切，对生活中不能改变的痛苦事情不要生气、不要怨恨，会为你带来更多的快乐。"记住这些，他们就会从健康的角度去体验。

我们的有些来访者，通常是那些动机强、特别聪明的来访者，在经过仅仅一到两个疗程后，在他们的生活中就实现了健康的转变。许多来访者已经相当自知了，而且还阅读了许多有用的文献，理性情绪行为治疗用容易的方式简洁地编出一些他们早已经思考过的东西。还有一批人对佛教很熟悉，其中一些皈依佛教的人能够很快而且轻易地接受理性情绪行为治疗的 ABC 理论。

谈到短程治疗：发表于《理性—情绪和认知行为治疗杂志》的一项研究（Ellis & Joffe，2002），其标题为《对自愿在观众面前真实体验理性情绪行为治疗的来访者的研究》，97% 的被调查对象发现他们的疗程对自己有帮助。自愿者同意做一个 30 分钟的说明——时间确实很短。人们希望他们完成自己的任务，希望他们继续记住理性情绪行为治疗原理，并将其付诸实践。

长程治疗

本章重点介绍理性情绪行为治疗中的团体治疗，因为它是以长期为基础运用理性情绪行为治疗的一个极好的例子。正如前面所言，具有强大的内源性失调的来访者和缺乏学习技能的来访者能够从长程个体理性情绪行为治疗和长程团体治疗中获益更多。此外，还有一些在个体治疗中疗效不显著的来访者也会明智地选择长程理性情绪行为治疗的团体治疗。有些来访者既选择个体治疗也选择团体治疗。

　　现在让我们研究一下理性情绪行为治疗团体治疗的某些方面。有些来访者没有选择个体治疗，直接走进团体治疗；有些来访者在接受个体治疗过程中，或是在他们结束了几期个体治疗后，治疗师推荐他们加入团体治疗。心理疗法中的几种疗法从自身的利益考虑使用团体治疗——因为这对于来访者更加实际，更加便宜，并不是因为它适合这个理论。

　　理性情绪行为治疗基本上采用简洁教育的模式而不是医学或心理动力学的模式。所以，像大多数教学，个体活动和团体活动几乎都是不可避免的。一般通常采用小组活动，每周一次，由8～12个来访者组成，有时也在大组中进行，如一班有二十几接近三十个学生或在一百多人的公开工作坊中进行。团体方面适合音像放映，因为可以用CD、DVD、网播、现场收音机和实况电视、读书治疗、程序教学和其他形式的大众传媒。所以，和其他任何心理疗法的现代形式一样，甚至更多地，理性情绪行为治疗是真正以团体为导向的，而且理性情绪行为治疗的从业者经常把团体过程作为一种可供选择的方法，而不是因为特殊的情况从实用的角度促使他这样去做的。

　　在8～12个来访者组成的小规模群组中，参与者对找出情绪困扰的根本原因感兴趣，相互理解组里其他成员的困难，在以下两方面帮助自己及其他团体成员：（a）帮助他们摆脱当前的症状，在他们的人际事务和自我事务中发挥得更好；（b）降低他们的基本困扰能力，因此，在他们以后的生活中，他们往往产生合理的情绪而不是不合理的情绪，不用说会降低（更好地消除）扰乱自己的倾向。在理性情绪行为治疗团体中，治疗目标一部分是去除症状，但是，更重要的目标是让每个成员实现深刻的豁达变化，更具体地说，是要接受现实（尽管未必喜欢）；放弃所有的幻想；不要把生活中的不幸和艰辛往坏处想或是灾难化；停止各种形式的自我评定，并完全地、无条件地接受自己和他人是容易犯错的，是凡人。

理性情绪行为治疗团体治疗同其个体治疗的主要目标相同：即告诉来访者要为他们自己的情绪苦恼和困扰负责任；通过改变他们的非理性信念和自我挫败思想，他们可以改变自己的不合理信念，或衰弱的情绪和行为；如果他们学会并完全掌握了全新的理性观念系统，许多人会健康地妥善处理他们生活中出现的几乎所有的不幸诱发事件，最坏的情况也是，他们感到特别伤心和失望，但对这些诱发性事件却不焦虑、不抑郁、不愤怒。理性情绪行为治疗团体治疗运用的方法和主要目标包括以下内容。

因为理性情绪行为治疗引导人们如何接受生活中存在的痛苦和残酷境遇，引导人们如何通过努力而不是通过抱怨和苛求来寻求改变，鼓励所有的团体成员暴露自我，并设法打消个人呈现出的完美主义、刻板和需求的念头。团体领导教育每个成员给出建议，建设性地批评出现的任何自我挫败或无益的思想、行为和情绪，并向他们学习。然而，教育他们不要指责、诅咒自己、他人和生活，或不要对自己、他人和生活失去希望。在理性情绪行为治疗的态度和行为上，团体领导要尽力做好模范作用。也教育团体成员合乎逻辑地、实事求是地、实用地且实证性地同造成其他成员困扰的思想进行辩驳。

通常治疗师要适度地活跃，恰到好处地寻根究底，富有挑战性、勇敢地面对并且要适当地进行指导。他要不断地做理性思考和合适情绪的模范。他不仅是受过训练的治疗师，也要教育团体成员科学的或逻辑经验主义方法，因此他们可以在自己的个人生活中和情绪生活中有效地使用理性情绪行为治疗。

治疗师和团体在治疗期间都要坚持以活动为导向，并给团体成员布置家庭作业。有一些家庭作业要在正常的治疗期间监督完成（如在团体中畅所欲言）。还有些家庭作业要在团体外完成，但是要定期地在团体治疗期间做汇报并进行讨论（如与社会接触）。我们注意到团体治疗师布置的家庭作业比个体治疗师布置的家庭作业更有效、执行力更强。

理性情绪行为治疗包括许多行为方式（如前面已有解释的），包括信念训练法、真实情境冒险法、角色扮演和行为演练，有一部分可以在个体治疗中完成，但在团体治疗中会更加有效。因此，如果有人通常害怕告诉别人他对他们行为的看法，那么和其他团体成员一起，也许能诱导他说出来。

这种团体更加有意识地鼓励大家去观察情绪和行为，而不是从来访者的间接汇报中获取信息。生气或焦虑的个体也许在个体治疗师面前感觉自在，且在治疗过程中隐藏情绪，但在团体治疗中很多情绪能经常显现出来，在团体中他们可以和同伴的几人之间相互影响。

在理性情绪行为治疗中，有些来访者填完家庭作业的汇报表格，然后把作业交给治疗师做检查。在团体治疗中，经常有一些家庭作业表格会被阅读和改正，因此，所有的团体成员，不是仅仅一个人把表格交上去，这种方法也许能具体地帮助你看到不健康的消极情绪后果（结果）；是什么诱发事件引发它？（诱发事件）；个体告诉了自己什么样的理性信念和非理性信念，造成了这种不正常的结果？（信念）；做何种有效的辩驳可以减少或根除导致自我挫败后果的非理性信念（辩驳）。通过倾听其他成员的主要问题，以及在家庭作业报告中他们是如何处理的，来访者使用这些报告可以更有效地帮助自己。

个体从团体中收到了有价值的反馈，如关于他们为何出现问题，很可能是什么愚蠢的自我讲述造成了他们的困扰。他们也学习观察别人，并给出反馈。更重要的是，他们在劝说自己不要有非理性信念过程中得到了锻炼，因此，他们也有意识和无意识地劝说自己不要有自我挫败的非理性信念。

与人们通常接收的个体团体治疗相比，理性情绪行为治疗团体治疗的一个主要目的是针对成员的问题，为他们提供一种更广范围的可能解决方法。10 个人的规定疗程中，一个人也许到最后也没有给在场者的中心问题给出答案（在几个失败之后），另外一个人也许会为此提供一个非常好的方法（到目前为止，提供了多种无效的、不简洁的、只关注症状的解决方法）。针对一个棘手的问题或人，团体成员可能都会坚持试图去做一个有帮助的人，并且最终结果很有帮助，但仅有个别人会放弃。

　　面对团体成员，说出自己的切身问题本身对来访者就有疗效。在常规的理性情绪行为治疗的小组治疗中，来访者在十多个人面前，透露许多一般平常会隐藏的事情和情绪。在理性情绪行为治疗公众工作坊中，人们会在一百多人面前暴露自己。特别是如果他们通常比较害羞和拘谨，这种暴露也许会是一种特别有用的冒险经历，治疗师经常强调，并告诉拘谨的人要放开地说，事实上，如果他们能预感遭到批评或攻击的话，收效会很小。另外，即使一个人没有得到认可或遭到了嘲笑，他也要仍然接受自己，并且认识到受到指责是种不幸而不是糟糕的。

　　团体成员包括各个年龄层次，通常是从 20～70 岁，包括各种诊断分类。团体成员通常男女性别相当，或有意地只包括一种性别。在一个成员加入团体后，他也许会有定期的或不定期的个体治疗。大多数团体成员会选择不定期的个体治疗，因此主要在团体治疗过程中，学习理性情绪行为治疗的原理和实践。尤其鼓励特别害羞的来访者，或与他人沟通存在困难的来访者加入团体治疗，因为对他们而言，与个体治疗师相比，他们与同伴一起解决难题也许会更好

（因为个体治疗师在治疗过程中有特别的角色，所以他不能代表来访者现实生活中的人）。

所有的团体都是自由开放的。这就是说，一旦一个成员加入了，他至少要参加6周的团体治疗，然后（在提前给出2周的通告后）可以在任何时候退出。那些退出通常很快又被新成员代替。当一个成员加入，他来到一个多半是长期成员的团体，这些老成员参加了一段长达几个月到几年的治疗过程，他们能在正常治疗期间、治疗结束后，也许是在一周间的私下接触里，帮助新成员学习理性情绪行为理论的"小窍门"。新成员也通过下面三点为团体治疗做准备：（a）参加一次或多次理性情绪行为治疗的个体治疗；（b）阅读理性情绪行为治疗方面的书籍；（c）参加工作坊和讲座。

理性情绪行为治疗团体治疗存在一些局限性和不足之处，特别是与更加有个性化的个体理性情绪行为治疗相比。例如，在小团体治疗过程中，小组成员出于过度热心和无知，很容易会误导其他成员，有时候甚至会给他们提出具有危害性的指示和观点。他们会提出低劣的或笨拙的解决方法，例如，继续向困扰中的来访者提出能让他们生活得更加成功的"实用"方法，而不是帮助他在造成困扰的观点上作出一些更多的豁达的改变。

一些不好相处的团体成员，甚至一些好心的团体成员，都在不相关的事情上浪费了时间。有些人企图处于主导地位；有些人疏忽做家庭作业；有些人会把呈现问题的人引入歧途；有些人抛弃了治疗师的一些主要观点。有些人会犹豫不决，因为他们非常想要得到其他团体成员的认可；还有一些人说出了自己和他人的小困难而不是大困难，或者离开各种治疗。团体成员也可以连炮带珠似的给发言人提出许多有影响的建议，足以让发言人感到崩溃。他们可以布置拙劣的家庭作业或者不断地呈现许多新问题，使原先的家庭作业不足以被检查。如果治疗师不积极干预，他们会允许成员逃避最低限度地参与，因此在他们的失常行为方面，作出的改变也很少。他们会变得过于灰心且不友善，会不合理地指责参与者的症状，或他们会继续抗拒作出放弃这些症状的努力。受过良好训练的团体治疗师对这些事件很警惕，并对此积极进行干预，把团体治疗带入正轨。

因此，理性情绪行为治疗团体治疗不是一剂治疗所有心理疾病的万能灵药，也不适合所有来寻求帮助的——受到情绪困扰的人。有些没有为团体治疗做好充分准备的来访者，在加入团体治疗前最好能继续接受理性情绪行为治疗的个体治疗。其他来访者，如有些强迫性说话者或轻度躁狂的人，也许会从团体治疗中获益很多，但是有间歇性，需要太多的监督和培训。所以，这些来访者最好不要考虑团体治疗，而用其他治疗方式解决他们的问题。然而，我们认为，对于大多数有情绪困扰的来访者，团体治疗与单独的个体治疗一样有疗效，也许疗效还更好。

总结本节，即短程和长程治疗策略和技巧，我们提醒读者理性情绪行为的治疗目标不仅仅是帮助人们感觉更好，而是让来访者长期转好。所以，我们鼓励短程治疗来访者和长程治疗来访者学会在离开治疗后，如何维持和提高他们在理性情绪行为治疗中取得的成效，如果出现反复倒退现象，或认为他们取得的进展太慢时，督促他们毫不犹豫地返回做巩固个体治疗或重新加入他们的团体治疗。

维持治疗效果

下面是我们为来访者提出的维持成效和巩固成效的几条建议：

当来访者取得进步后又出现反复回到以前焦虑、抑郁或自我沮丧的情绪中时，他们要提醒自己过去曾经在思想、情绪和行为方面做出了努力，并已给他们带来好的改变。如果他们再次感到抑郁，我建议他们回想以前如何使用理性情绪行为治疗的，让自己的情绪不再抑郁。

我们推荐他们继续用理性观念进行思考或对使用应对性的陈述方式进行自我对话，如"我可以忍受我不喜欢的东西"。或"在这个追求上，我失败了，但是我绝不是个失败家。我可以继续尝试，可以从经验中学习"。

我们推荐他们坚持寻找，发现造成他们再度焦虑的非理性信念，并坚持同它们做辩驳。

我们推荐无论何时当他们发现自己再次情绪低落时，要坚持并竭力同他们的非理性信念做辩驳。同时，要让他们认识到即使这些情绪没有常常在他们身上出现，但它们也会再一次出现。这正是把这些信念带入他们意识的时候，预防性的——但强有力地和他们辩驳。

我们推荐他们坚持冒险，坚持做一些他们无端害怕或恐惧的事情。当他们在一定程度上克服了这些非理性的害怕后，他们可以坚持定期同这些非理性观念作抗争。如果它们在逼迫自己做自己无端感到害怕的事情时感到不舒服，最好不要允许自己逃避做这些事，否则他们永远都会觉得不舒服。它们会让自己不舒服，但后来他们可以完全根除不合理的害怕，并变得轻松自在、不焦虑了。

我们推荐他们致力于清楚地认识健康的负性情绪（如当他们不能得到自己想要的一些重要的事情时，产生的悲伤、后悔和沮丧情绪）与不健康的负性情绪（如抑郁、焦虑、自我仇恨和自我怜悯情绪）之间的真正差别。

不管何时，当他们感到过于忧虑（恐惧）或过于伤心（抑郁）时，我们推荐他们注意，此刻他们的情绪从统计意义上说是正常的，但从心理学上说并不健康。认识到主要是一些武断的应该、应当或必须的思想观念给他们带来了这种不健康的情绪。

我经常提醒并敦促他们记住，他们能够把不健康的（苛求的）情绪转换成健康的（或优先选择的）情绪。他们可以接受自己的抑郁情绪并努力改变它，直到他们只感到遗憾和后悔。他们可以接受自己的焦虑情绪并努力改变它，直到他们只感到担心和不安。甚至在没有发生事情前，他们会使用理性的情感意境去生动地想象不快乐的诱发事件。当他们想象时，他们可以让自己沉浸于不健康的不安情绪（焦虑、抑郁、愤怒或自我沮丧），他们继续想象一些正在发生的最糟糕的事件，然后致力于使用理性的想法把这些情绪改变成健康的消极情绪（担心、悲伤、烦恼或后悔）。我们提醒他们继续这样做不要放弃，直到他们确实改变了自己的情绪。

我建议他们避免对自己不利的拖拉，而且今天之内迅速完成不开心，但很有用的任务！如果他们仍然拖拉，他们可以给自己一些令人愉快的奖赏——只有当他们完成了他们容易逃避的任务时才有奖赏。如果此种方法不行，他们可以在每次拖拉后惩罚自己。

我们建议告诉他们不管出现了何种不幸，保持情绪健康和保持适度地快乐是一种有刺激的挑战和一次冒险。我们推荐要优先根除和消除痛苦，使这件事情成为他们决心要逐步完成的事情。关于如何思考、如何感觉和如何行动，他们几乎总是能够选择。

我们提醒来访者坚持使用理性情绪行为治疗中主要的三个深刻见解。第一，关于他们生活中的不开心事件，他们大半会选择困扰自己，尽管可能是因为外部事情和社会学习造成的。第二，他们大部分时候跟着自己的感觉走。第三，当在他们在 A 点上发生了不愉快的事情和令人沮丧的事情（诱发事件或不利的事），他们有意识或无意识地选择一些理性信念，这导致他们感到悲伤和后悔，同时，他们也会选择一些非理性信念，导致他们感到焦虑、抑郁和自我厌恶。

我们提醒他们，不管他们何时或如何形成了他们的非理性信念和他们自暴自弃的习惯，现在，目前，他们选择继续这些非理性信念，这正是他们受到困扰的原因。他们过去的经历和现在的生活条件也许会严重地影响他们，但是不会扰乱他们心情。他们现在的信念是造成他们当前困扰的主要原因。

我们提醒他们，没有神奇的方法可以改变他们的个性或造成他们不必要困扰的强烈的倾向性。个性上的根本改变需要持续的努力和实践，以此来改变非理性信念、不健康的情绪和自我毁灭的行为。

我们建议他们寻找个人的消遣和快乐，寻找其他很有趣的兴趣和爱好，让生活的主要目标不仅要实现情绪健康，还要实现真正的快乐。

我们要鼓励他们为有价值的事业而努力，鼓励他们帮助他人。

我们建议他们设法和几个懂得理性情绪行为治疗的人保持联系，并和其他人一起实践理性情绪行为治疗。他们经常和其他人一起使用理性情绪行为治疗，他们就更能够看出自己有哪些非理性信念，更能说服自己不要有自我挫败的观念，也就更能掌握理性情绪行为治疗的主要原理并在自己身上做实践。当他们看到其他人行为不合理和精神障碍，不管有没有和这些人进行交谈，他们也能猜出这些人的非理性信念主要有哪些，并知道如何主动地、极力地同这些非理性信念进行辩驳。

在理性情绪行为治疗的个体治疗或团体治疗中，他们可以录制许多的治疗过程，并在治疗期间认真聆听，因而一些在治疗中学习到的观念就会被内化吸收了。在治疗结束后，这些录音会被不时地回放，以此来提醒来访者如何处理老问题或出现的新问题，或者他们也可以继续阅读一些理性的作品。

关于处理复发和反复的问题，我们推荐人们把反复看成一件正常的事情，把它当作一件会发生在几乎所有人身上的事情，几乎每个人刚开始在情绪上取得了进步后来又回落到原点。把它视为人类易犯错误的一部分。我们劝告他们，当老症状回来时，或当虚弱不堪，需要更多的额外疗程时，或当和朋友谈论老问题时，不要因此而感到羞愧。

自暴自弃的行为可被视为低劣的、粗野的行为，但是他们可以拒绝批评自己有这种行为。他们可以使用尤为重要的理性情绪行为治疗的原则，即拒绝评价自己或他人，只考虑一个人的行为、举止和特征。他们一直是做事"成功"或"失败"的人——但绝不是"好人"或"坏人"。不管他们如何糟糕地回到了过去，如何再次呈现出老困扰，他们可以努力完全接受自己的粗野的或坏行为，然后试着坚持设法改变这些行为。

他们可以回到理性情绪行为治疗的 ABC 理论，清楚地看出他们做了些什么使得他们原来的症状的反复，并极力地辩驳非理性信念。他们可以坚持寻找，找出是何种非理性信念导致他们再次复发并造成了焦虑或抑郁情绪，他们可以反复同这些非理性信念做顽强地辩驳，直到建立智力和情绪力量。

他们可以坚持这样做，直到确信了理性的答案，直到困扰的情绪完全消失。然后他们可以多次做同样的事，直到他们的新 E（有效的新理念）变得坚实，成为习惯，如果他们坚持努力，并坚持仔细思考，差不多会这样。

对于有效的新理念或理性信念，轻视它们，或认为其比较"有知识水平"，都没有多大帮助或也不会持续很久。他们最好积极地尽力相信这些新理念或理性信念，并且要多次将其付诸实践。

认识到自己有反复倾向并想继续努力的人，以及想要继续取得进步的人，可以经常从3种非理性信念上来提醒自己，这会对他们不无裨益：

1. "我必须要做好，必须要得到我看中的人的认可。"这种思想让人感到焦虑、抑郁和自我厌恶，并且让人逃避做可能会失败的事情，或回避结果也许不是很好的友谊。

2. "别人必须要公正友好地对我。"这会使人感到生气、愤怒、粗暴和过于叛逆。

3. "我住的条件必须要舒适，没有大的烦恼。"这种想法往往会导致低挫折承受能力和自我怜悯的情绪，有时会产生愤怒和抑郁的情绪。

来访者要清楚地认识当他们使用其中任何一种绝对的必须观念，或使用其无数变体中的任何一个，都会从中得出不理性的结论，如下所示：

■ "因为我没有做到必须要做得那么好，我是个没有能力、没有价值的人。"（自我轻视）

■ "因为我没有得到我认为是重要人的认可，就像我认为必须的那样，这太糟糕、太可怕了。"（把事情往坏处想）

■ "因为他们对我不公正、不友好，而他们绝对应该公正地、友好地对我，所以他们十足是个道德败坏的人，并应该受到诅咒。"

（诅咒）

■ "因为我住的条件不是那么舒适，且我生活中有几个大的麻烦，本来我是不该过这种生活的，我受不了！我的生活太恐怖。"（无法忍受现状）

■ "因为我失败了、被拒绝了，而本来我绝对不会是这样的。将来我还会总是失败，绝不会被接受，我的生活永远都不会充满希望和快乐了。"（过分概括，过于笼统）

来访者可以努力把这些非理性信念看作全部想法和情绪的一部分，意识到他们在许多场合都有这种非理性信念，认识到他们多数情况下会有意或无意地落入这些非理性信念，并因此感到特别沮丧，在行为上自暴自弃。因此，如果在某个方面，他们去除了这些非理性信念，如果他们因为某些事情绪上仍然受到困扰，可以使用同一种理性情绪行为治疗的原理，在新的地方发现非理性信念并极力将非理性信念控制到最少。

最好要不断地告诉他们，如果他们放弃那些绝对性的应该、应当和必须，并一贯用灵活的和不死板的（尽管仍然是强硬的）渴望和爱好代替这些绝对性的言词，在正常情况下，他们不会受到困扰，也不会存在困扰。他们提醒自己他们的非理性信念对自己是不利的，提醒自己这些非理性信念是不符合社会现实的，并提醒自己这些非理性信念否认了人们容易犯错的事实，在提醒自己的过程中自己能够获益；非理性信念是不合逻辑的——他们最好能够坚持同这些非理性信念做辩论，并用理性的、现实的、实用的和逻辑性的思维代替这些非理性信念。

最后，要拥有提高生活的目标，检查他们的进步，不时地修改目标，并当老目标完成后建立新的目标，这些对他们都有很大的益处，也是一种健康的动力。他们能够一直努力继续深化使用理性情绪行为治疗的原理，加大对理性情绪行为治疗的实践。

针对各种身心疾病、问题和来访者使用理性情绪行为治疗

后面我要介绍的萨拉（Sara）的例子表明：通常没有来访者仅有一个问题或一种困扰。然而，理性情绪行为治疗的改变技术和工作机制，可以很好运用于多种多样人的问题和情况。本章节，我会介绍几例。

现在让我们看看，理性情绪行为治疗在多种多样的问题和来访者中的一些运用。

焦虑性障碍

理性情绪行为治疗对许多引起人们焦虑的回答是鼓励他们坚持任何所有的对成功、认可和舒适的健康欲望，并鼓励他们坚定地、顽强地、极力地拒绝他们把这些健康的欲望升级为有害的、对自己不利的和浮夸的需求。

人们寻求帮助的不健康情绪主要是焦虑。我们估计，焦虑即使

不是主要的认知——情绪——行为失调，也是其中之一，其次是抑郁。我们发现大多数焦虑，特别是行为焦虑，来自于来访者强烈要求自己做好事情并且得到别人的认可。希望把事情做好并且得到认可，这是没错的，还可以激发人们采取适当的行动来实现这一目标。然而，当你强烈要求、坚持或者迫切需要实现目标时，就产生了焦虑（常常伴随抑郁）。在治疗期间，治疗师会识别出导致焦虑的观念（要求），并教育来访者如何辩论这些观念并取代它们，治疗师会帮助来访者保留他们想要得到成功和认可的欲望，同时也不会把这些欲望升级为造成伤害的苛求。

　　我的来访者玛格丽特患有严重的焦虑症。她是一个四十多岁的非裔美国咨询学生，她非常害怕自己不能按期交上期末论文，并感觉即使自己按期交上论文，论文质量也不够标准，没有她那些年轻同学写得好。她因为可能会失败而焦虑，如果她失败了，她的丈夫将会指责她，批评她回到大学上学是浪费时间和浪费金钱。事实是她害怕自己不够好，如果她失败了，就证明了她不好，也证明她永远是个没有价值的人。

　　她寻求治疗的目标是减轻焦虑并把作业完成，因为焦虑已经让她不能正常生活了。她想要写论文，接着她会告诉自己她绝不可能按期完成论文，然后，她会找些别的事情做，来逃避努力写论文的苦恼，逃避写不好论文的苦恼。紧接着她会感到更担心——并对此产生焦虑（继发性焦虑）。

　　我对玛格丽特的治疗目标是：

■ 帮助她接受自己的焦虑（处理继发性焦虑）；

■ 帮助她认同焦虑对大多数人来说是个常见的倾向——是人类状态的一部分；

■ 教授她理性情绪行为治疗的原理，如果她使用此原理，强调在适当的情况下，她有能力努力说服自己把使她丧失能力的焦虑转化成健康的担心；

■ 帮助她找到导致她产生焦虑、自我沮丧和继发性焦虑情绪体验的非理性信念；

■ 给她布置"家庭作业"——这些进行中的任务和活动是为了帮助她克服焦虑并保持所取得的成效；

■ 提醒她持久的积极转变需要继续进行努力和实践；

■ 帮助她灌输想要（不是必须）做好事情并得到认可的观念，保持"希望"，而不是把希望升级为让人丧失能力的苛求。

玛格丽特的主要非理性信念有：

■ "我不应该焦虑。"

■ "我必须要做好并要按期交上论文。"

■ "如果我没有做好，这很糟糕，不能完成应该做的事情（如把论文写好，并按期上交），我承受不了这种羞辱和侮辱。"

■ "如果其他同学写得好，而我没有写好，他们会认为我是个失败者，认为我年纪太大了。所以我应该要做得比他们更好。"

■ "我的教授会认为我很笨，我会觉得很尴尬不敢和他聊天。"

■ "如果不能做到比别人好，至少我要做到和别人一样好，来证明自己是个有能力有价值的人。"

■ "我的丈夫不应该指责我，不应该轻视我，如果他这样做，意味着他不爱我了，而他应该爱我。如果他拒绝我并离开我，这种境况糟糕得不敢去想，我承受不了他离开我。"

■ "如果我失败了，没有完成自己着手做的事情，就证明了我'不够好'，我是一个真正的'失败者'，在我小的时候，我妈妈也是这样一遍一遍地说我。"

玛格丽特想要改变的动力很强。她厌倦了痛苦的焦虑，她明白焦虑给她带来了多大的伤害。一天她想做一名咨询师，她认识到如果她想要最有效地帮助她未来的来访者，她最好要克服自己的困扰。

在我（Debbie Joffe Ellis）的帮助下，她现实地、合理地和先验地同非理性观念做辩驳。她认识到她的非理性信念没有帮助她反而伤害了她，认识到这些非理性信念不切合实际，也不是由她的爱好产生的。她知道她完全没有必要折磨自己。她明白即使最坏的情景出现，即她没能按期交论文或是没有把论文写好，也不会让她成为失败者，她仅仅是一个没有完成这项任务的人。她注意到作为妈妈她很成功，在绘画、唱歌方面还有很多其他的方面她都非常成功。在我告诉她阿尔弗雷德·科日布斯基的哲学理念后，她认为她不是那种人，她的表现，不管是好还是坏，都不能说明她是一个好人或是坏人，也不能决定她的价值。苛求比别人做得好不仅会给自己增加压力而且也会增加她的焦虑。她发现要求得到别人的认可，并且当没有得到别人认可时，觉得自己很羞愧，这些极大地限制了自己。她认识到她要求她的丈夫支持她、不指责她并一直赞同她，这些要求不会让她从丈夫那得到想要的东西；更可能的是，这会造成她丈夫的行为与她的心愿更加南辕北辙。她认识到，在他们的婚姻中她那些不切实际的、乌托邦式的思想。她明白她多么不愿意丈夫离开自己，这又造成了她的焦虑。

　　她的家庭作业包括当她在苛求自己时停下来，并把苛求变成喜爱；强迫她在写论文时做一些"不完美"的事情，不必"需要"比别人做得好，也完全不必"需要"喜欢做这件事情；努力做到不必需要得到他人的认可——丈夫也好，我（她的治疗师）也罢，还是她的教授、其他同学，甚至是暹罗国王的认可。鼓励她冒着遭到别人不认可的危险，做一些羞愧脱敏训练；帮助她努力无条件接受自己，不管别人如何想。因此，一天她穿着一只红鞋，一只米色的鞋来到学校。每当有人奇怪地看着她，她虽然感到不舒服，但是她会对自己说"那又怎么样。我不需要得到他们的认可，尽管我喜欢得到他人的认可"。一天下来，穿着奇怪的鞋，她觉得非常自在。她注意到什么糟糕的事情都没有发生，事实上，至少很少有人注意或关心这件事。她坚持定期地告诉自己理性的应对性表述如"我可以承受我不喜欢的东西"；"不管别人接不接受我，我要接受自己，因为我还活着"；"我不会是个失败者。如果某件事上我失败了，我要从中吸取教训并继续走下去。我的失败（或成功）不能让我成为失败者（或成功者）"。

仅仅经过了 12 次理性情绪行为治疗的治疗，玛格丽特整个人焕然一新。尽管她有些担心能不能做好，担心赶不上截止日期，但是她不再因此感到不舒服，不再逼迫自己必须要赶上截止日期，或是一定要写好论文。没有了焦虑障碍，她的论文进展得更快，她居然从中得到了快乐。因为不需要得到别人的认同，她感到很自由，并且她与她丈夫的关系也得到了改进，这在很大程度上归功于她的新发现：没有依赖和要求。她大大实现了她的治疗目标。她明白也许会有复发，但如果出现复发现象，她知道也不能批评自己，而是要极力回到理性情绪行为治疗。

如同大多数治疗师的经验，并不是所有来访者都像玛格丽特一样，具有清晰的目标。治疗师经常会努力帮助来访者澄清目标和问题，这个来访者可能会有不止一种的困扰。

下面是我（Albert Ellis）治疗萨拉案例的记录，萨拉，单身，白人，犹太女人，25 岁（Corsini & Wedding，2008）。在这个案例中，为了让来访者跳出习惯性僵化思维，为了让我说的话更加难忘，我对来访者适当地使用了一些对立的语言和生动有趣的语言。

萨拉是一个公司计算机编程部门的负责人，没有任何的创伤或暴力经历，她极度没有安全感并有自我指责的倾向。

我 -1: 你想先谈谈什么？

萨拉 -1: 我不知道。我现在在发呆。

我 -2: 为什么发呆呢？

萨拉 -2: 因为你。

我 -3: 不，一定不是因为我——也许是因为你自己。

萨拉 -3:（紧张地笑了笑）。

我 -4: 因为接下来我要对你所做的事?

萨拉 -4: 对! 你要威胁我，我猜的。

我 -5: 不过那又怎么样? 我要做什么? 显然，我不会拿一把刀来刺杀你。那么，我是用何种方式威胁你的?

萨拉 -5: 我想我是担心，也许，我将要发现什么——和我自己有关。

我 -6: 嗯，那么让我们设想你已经找到了你害怕的东西——设想你正在发呆或者做什么别的事情。现在为什么会那么害怕?

萨拉 -6: 因为我，我猜此时对我而言我是最重要的。

我 -7: 不，我认为这不是答案。我认为，答案恰恰相反! 对你来说，你自己是最不重要的。如果我告诉你你的行为很愚蠢，你会对自己劈头就打。如果你不是一个自责的人，那么你就不会在乎我说了什么。这对你来说很重要——但是你会到处走动纠正它。但是如果我，真的告诉你关于你不好的东西，你会把自己痛打一番。

萨拉 -7: 是的。我通常会这样做。

我 -8: 好。因此也许这是你真正害怕的。你不是害怕我。你害怕你的自我指责。

萨拉 -8:（叹气）十分正确。

我 -9: 那么为什么你要指责自己? 假设你是我见过的最坏的人，让我们仅仅这样设想一下。好吧，现在你为什么必须要指责自己？

　　萨拉 -9:（暂停了一会儿）我还会这样做。在这个时间点上，我猜，是因为我不知道还有任何别的行为方式。我总是这样。我猜我认为自己是个垃圾。

　　我 -10: 嗯。但是这也不是原因。如果你不知道如何滑雪或怎样游泳，你可以学习。不管你做了什么，你也可以学习不要谴责自己。

　　萨拉 -10: 我不知道。

　　我 -11: 嗯，你的答案是你不知道怎样做。

　　萨拉 -11: 也许是吧。

　　我 -12: 在我的印象中，你说："如果我做错事，我必须要责骂自己。"这是不是你抑郁的来源？

　　萨拉 -12: 是的，我想是的。（沉默）

　　我 -13: 现在，此刻你主要责备自己什么？

　　萨拉 -13: 此刻，我觉得自己不能很好地、清楚地把它讲清楚。这个表格（我们诊所让来访者进行治疗前填的表格）给我添了很多麻烦。因为我倾向于说完所有的事情。我想改变一切，我对所有的事情都感到失望，等等。

　　我 -14: 给我举几个例子。

　　萨拉 -14: 我对什么感到失望？我，呃，我不知道自己生活的目的是什么。我不知道自己是谁。我也不知道自己的方向在哪儿。

　　我 -15: 好的，啊，所以你说——"我没有目标"（来访者点头），嗯，没有目标有什么可怕的？没有目标这已经很不好。如果你知道自己并不是没有目标，你有生活目的，你知道自己的方向，这就会好得多。相反，仅仅让我们设想一下最糟糕的情况：你在余生里仍然没有生活目标。现在，让我们设想一下，为什么你会感觉如此痛苦呢？

萨拉 -15：因为每个人都应该有生活目标。

我 -16：你的这种应该是从哪里来的？

萨拉 -16：因为我个人是这样认为的。（沉默）

我 -17：我明白了。但是想一想。很明显，你是个聪明的女人。那么，你的那个应该是从哪里来的呢？

萨拉 -17：我，我不知道。目前我没有想清楚。对不起，我非常紧张。

我 -18：好，但是你可以好好地想一想。现在你是不是在说："啊，这是枉然，我没办法想清楚。我想不明白，我真是个废物！"你瞧：你因为这件事在责备自己。

（从萨拉 -18 到萨拉 -26，来访者因为在治疗过程中没有表现好而苦恼，但是治疗师告诉她这些并不重要，并使她平静下来。）

萨拉 -27：我不敢想象自己的存在，嗯，或者说不敢想象任何人如果没有目标，有何存在的理由！

我 -28：不，然而绝大多数人都没什么目标。

萨拉 -28：（愤怒）哎，那么我不应该因此感觉不舒服。

我 -29：不，不，不！现在等一下。你刚刚转移了话题。（笑一笑）你从一个极端跳到了另外的极端。你瞧，你说了句明智的话，同时又说了句不明智的话。现在，如果我们要你把它们分开——这件事你完全有能力做好——你能解决这个问题。你真正的意思是："如果我有生活目标会更好，因为我会更加幸福，对吗？"

萨拉 -29：是的。

我 -30：不过，你在极短的时间内跳到"所以我应该有生活目标！"现在你能看出"如果我有目标会更好"与"我应该、我必须、我一定要有目标！"之间的区别吗？

萨拉 -30：是的，我看出区别了。

我 -31：嗯，区别在哪里？

萨拉 -31：（笑一笑）我这么说只是为了迎合你。

我 -32：是的！瞧，这就不好了。我们可以永远这样下去，你迎合我的观点，我会说："噢，多了不起的女人啊！她赞同我。"然后，从这走出去后，你还像以前一样傻。

萨拉 -32：（这时候，她愉快地、真诚地笑了笑。）

我 -33：如我所言，你完全能够想一想如何不放弃。这是你大半生所做的事情。这也是你为何而困扰的原因。因为你拒绝思考。让我们再次回顾一下："如果我生活中有目标会更好；如果我不抑郁，等等。如果我生活中有一个合适的、美好的、让人感到愉快的目标就好了。"我们可以列出为什么生活会好点的原因。"生活更美好的原因是显而易见的。"那么，那个神秘的观点"我应该做让生活变得更好的事"又是怎么回事呢？

萨拉 -33：你指的是，为什么我会有那种想法？

我 -34：不，不。这是一种信念。你会想那种想法是因为你有那种信念。

萨拉 -34：是的。（确实如此）

我 -35：如果你认为你自己是只袋鼠，你就会单脚跳来跳去，你就会感觉自己像只袋鼠。不管你相信什么，感觉到什么？你的感觉大部分来自于你的信念。现在，我暂且忘记你的情绪，因为如果不改变信念，我们真的不能改变自己的情绪。所以，我要告诉你，你有两种信念——或者说是两种情绪，如果你愿意这么称呼的话。第一种，"如果生活中有目标，我会过得更好"。你同意吗？（来访者点头）我们可以证明这一点完全合理。非常正确。第二种，"因此我应该做让生活变得更好的事"。那么，它们是截然不同的两种表达。这两种观点似乎是一样的，但是却有天壤之别。那么，如我所说的第一种信念是理智的。因为我们可以证明它，这种信念与现实相关。我们可以列举出不仅仅是你一个人，几乎是所有人在生活中有目标的优势所在。

萨拉 -35：（现在很平静，专心地听治疗师的解释）嗯……嗯……

我 -36：但是第二种，"因此我应该做让生活变得更好的事"，这种信念是荒唐的、愚蠢的。那么为什么说它是荒唐且愚蠢的信念呢？

萨拉 -36：我不认为这是荒唐愚蠢的信念。

我 -37：因为是谁告诉你应该做这些事？

萨拉 -37：我不知道从哪儿开始说起！有人这么说。

我 -38: 我知道，但是我说那些说这种话的人都是疯子，误导别人。

萨拉 -38:（笑一笑）确实。

我 -39: 世界上怎么可能会有这个应该？

萨拉 -39: 嗯，不过确实有。

我 -40: 但是确实没有。你瞧，这是情绪困扰所在：相信应该、应当和必须，而不是相信它们会变好的。恰恰是这些信念造成了人们极为焦虑。假设你对自己说："我希望此刻兜里有 1 美元"，但是你只有 90 美分。你会有怎样的感觉？

萨拉 -40: 不是特别失望。

我 -41: 是的，你也许会有一点点失望。有 1 美元固然更好。但是假如你对自己说："无论何时，我应该，我必须兜里有 1 美元"，但是你发现你只有 90 美分。现在，你又会有什么样的感觉呢？

萨拉 -41: 跟着你的思维，那么我会觉得非常沮丧。

我 -42: 但是却不是因为你只有 90 美分。

萨拉 -42: 因为我想我应该有 1 美元。

我 -43: 这就对了。是那个应该。而且，让我们再往前推一步。假设你说："无论何时，我的兜里必须有 1 美元"，但是你发现你的兜里有 1 美元 10 美分。那么，你会有什么样的感觉？

萨拉 -43: 好极了，我猜。

我 -44: 不——焦虑。

萨拉 -44:（笑一笑）你的意思是我会觉得内疚："我可以用

这多余的 10 美分做些什么？"

我 -45：不是。

萨拉 -45：对不起，我不明白你的意思。我——

我 -46：因为你没有在思考。想一想，为什么？如果你说："我必须有 1 美元，我应该有 1 美元"，但是你只有 1 美元 10 美分，你还会感到焦虑吗？任何人都会感到焦虑。那么为什么如果他们说"我必须有 1 美元"，但当他们发现他们有 1 美元 10 美分时，他们会感到焦虑？

萨拉 -46：因为它违反了他们的应该。我想，这是因为违背了他们所认为是正确的规则。

我 -47：嗯，暂时还没有。但是他们会很容易丢失 20 美分。

萨拉 -47：噢！嗯。

我 -48：是的！他们还会感到焦虑。你瞧，因为必须意味着，"我必须一直——"

萨拉 -48：噢，我明白你的意思了。完全正确，我明白你的意思了。他们会很容易丢掉一些钱，因此他们会有不安全感。

我 -49：是的。大多数的焦虑来自于许多的"必须"。

萨拉 -49：（沉默了很久）为什么最初你会为一些人设计出如此忧心忡忡的情境？

我 -50：我认为我没有这样做。我见过许许多多的人，你是少数几个会因为这件事而感到焦虑万分的人之一。其他人的焦虑也许会轻一些，但是你会因为它产生更多的焦虑。这只说明你会把必须的信念带进每一件事情，包括这种情境。大多数人来这里都感觉如释重负。他们终于知道如何和帮助他们的人交谈，他们非常高兴我没有跟他们胡言乱语，没有问及他们的童年往事，没有和他们谈论天气，等等。我立刻找到困扰他们的东西。我在5分钟内告诉他们。我刚刚向你们解释了大多数情绪困扰的秘密。如果你真正明白我的意思，并且按照我说的去做，今后在你的生活中，你几乎不会被任何一件事所困扰。

萨拉 -50: 嗯——啊哈。

我 -51: 因为几乎每次你受到困扰，你正是把这可能会更好改变成一个必须！ 这就是神经症！非常、非常简单。那么，为什么我要浪费你的时间而不做解释——去谈论一些不相干的事情？

萨拉 -51: 如果刚开始我没有受到恐吓，也许我会更好地听从你的解释。

我 -52: 但是那时，如果我拍拍你的头，并踌躇一会儿，等等，那么你会想在今后的生活中，你都必须要得到别人的认可！你是一个聪明的女人！

萨拉 -52: 没错——

我 -53: 这又是另外一个应该。"他应该拍拍我的头，而且是轻轻地拍——那么像我这样的垃圾才能够明白！但是如果他拍得太快，我就会想，噢，天哪，我是不是犯了什么错——这太糟糕了！"更多的胡言乱语！你没有必要相信这种胡言乱语！如果你不担忧，你完全能够理解我说的话。"我应该做得很好！"坐在那儿，基本上你会这么想。好，为什么你应该要做到很好呢？假设在你做好之前，我们必须要检查 20 遍。

萨拉 -53: 我不喜欢看上去那么愚蠢！

我 -54: 不，瞧。现在你正在对自己撒谎！因为你又说了句理智的话——但是然后你又加了句不理智的话。理智的话是："我不喜欢看上去那么愚蠢，因为看上去聪明会更好。"但是然后你立即跳到不理智的话："如果我显得愚蠢，这就糟糕了。"

萨拉 -54: (满意地笑了笑，几乎是高兴地笑)

我 -55: "——我应该呈现出聪明伶俐！"你是知道的?

萨拉 -55: （肯定地说）是的。

我 -56: 同样的废话！这始终是废话。现在如果你愿意看一看这一废话——而不是"哦，我多么愚蠢呀！他讨厌我！我想要杀了自己！"——因此你就会很快地转向好的方面。

萨拉 -56: 你一直都在倾听！（笑了笑）

我 -57: 倾听什么?

萨拉 -57: （笑了笑）倾听我心里面疯狂的思想，像上面那个我心里的想法。

我 -58: 不错。因为我知道你喜欢发表这样的感言——我有一个很好的分析。根据我的分析，通常情况下，人们不会感到烦恼，除非他们告诉自己这些疯狂的思想。

萨拉 -58: 我根本没有这类想法，为什么我也会如此烦恼? ——

我 -59: 但是你确实有这类想法。刚刚我才跟你说过。

萨拉 -59: 好吧，我知道了！

我 -60: 为什么你会感到烦恼？向我做个汇报。

萨拉 -60: 我苦恼是因为我知道，我在来这儿时我给自己设想过的角色，（笑一笑，几乎是开心的笑）想象我要做的事和我应该做的事——

我 -61: 是吗？

萨拉 -61: 因此你强迫我违背它。我不喜欢这样。

我 -62: "如果我不及时出现，会不会更糟糕？如果我完美地违反了需要的角色，并且立刻给他提出正确的答案，然后他微笑着说：'孩子，这是多么聪明的女人啊！'接着一切都会很好。"

萨拉 -62: （善意地笑了笑）当然！

我 -63: 胡说八道！你一定已经像现在一样受到困扰！这一点也帮不上忙！事实上，你会变得更疯狂！因为你离开这儿和来这儿时一样有相同的理念：那就是"当我表现得好，人们拍着我的头说：'我是一个多么了不起的女性！'接着一切事情都很美好！"这是个愚蠢的理念！因为尽管我为你痴狂，但是下一个和你说话的人很可能会讨厌你。我喜欢褐色的眼睛，但他喜欢蓝色的眼睛或者别的什么。因此你就呆了！因为你真的在想："我必须得到认可。我必须采取明智的行为！"嗯，为什么？

萨拉 -63: （非常严肃地、沉思地）确实如此。

我 -64: 你是知道的？

萨拉 -64: 是的。

我-65: 那么，如果你吸取教训，接着你就会有一段非常宝贵的时间。因为你没有必要让自己感到困扰。正如我前面所说，如果我认为你是有史以来最糟糕的人，但是这只是我个人的观点。并且我有权利这样去想。但是这会让你成为一个混蛋吗？

萨拉-65:（沉思中静默）

我-66: 会吗？

萨拉-66: 不会。

我-67: 是什么让你成为混蛋？

萨拉-67: 想法——自己认为自己是个混蛋。

我-68: 正是如此。是你自己的信念，你认为自己是个混蛋。这是唯一的原因。你不必相信。明白了吗？你要控制自己的思想。我控制我的思想——我对你的信念。但是你也不必受此影响。你总是要控制自己要怎么想。并且你认为你没有这样做。让我们再回到抑郁。抑郁，正如我之前所说，来源于自责。这是抑郁的来源所在。那么你为什么而自责？

萨拉-68: 因为我没有能够实现目标——在我对自己要求和别人对我的期望之间有一个基本的冲突。

我-69: 正确。

萨拉-69: 也许埋怨别人不太公平。也许是我把自己推到了领导的角色。但是，不管怎样，我此刻的感觉是我一生中都在逼迫自己成为一个我不能成为的人，年龄越大就越困难，嗯，这种表象，呃——就变得越来越不可能，我实在是忍受不了了。

我-70: 嗯，但是确实，是的，我觉得你犯了些小错误。因为奇怪的是，发生的事情恰恰相反。你被推上这个角色。是的：一个领导的角色。是这样吗？

萨拉-70: 是的。

我-71: 并且他们认为你适合这个角色。

萨拉-71: 通常每个人都这样认为。

我-72: 只是碰巧他们是对的。

萨拉-72: 但是这使他们越来越需要我。

我-73: 因为你没有做别的事情。你瞧，你满足了他们对你的期望。但显然，他们并没有认为你是一个领导，如果你的行为不像个领导，他们会认为你什么也不是。因此你一直在试图满足他们对你的期望。但是没有满足你内心对于领导阶层的理想化的、不切实际的期望。

萨拉-73: （含着眼泪）是的，我想我没有满足自己的期望。

我-74: 你看，这就是问题所在。所以，对于他们，对于工作，你做得很好。但是，你不是天使，你并非完人！然而你应该是个真正的领导。因此，你是个虚伪的人！看到了没？如果你现在放弃对自己的可笑的期望，回到他们对你的期望中去，你会一点烦恼也没有。因为很显然，对于他们来说，你做得很好，而且你满足了他们对你的期望。

萨拉-74: 嗯，我没有做好。我必须要放弃一个非常成功的情景。并且，嗯，当我离开岗位时，他们认为这种情景仍然很成功。但是我只是不知道如何继续下去——

我 -75："因为在我心目中，我必须要是个领导。一定要非常地完美。"你瞧，"如果我满足了全世界，但是我知道自己做得不好，或者达到应该做好的标准，那么我也是个笨蛋！然而他们却没有发现，所以这史让我是个笨蛋。因为在他们面前，我假装自己不是个笨蛋，然而确确实实就是一个笨蛋。"

萨拉 -75：（赞许地笑笑，接着变得严肃起来）确实如此。

我 -76：但是一切都是你愚蠢的期望，不是他们的期望。奇怪的是，尽管你有缺陷，这让人有些沮丧和自卑，等等——你还是做得相当不错。设想一下，如果没有这些讨厌的缺陷，你会做得怎样！要知道，你满足了他们，同时，你花费了太多的时间和精力虐待自己。设想一下，如果没有这些自虐，你会做得怎么样？你能想象吗？

萨拉 -76：（没有再进行自我责备，至少暂时说服了，意味深长地说道）是的，我能想象到。

我们可以看出本疗程中积极指导的本质。在很早以前，我就使用幽默来鼓励来访者感到更放松，减轻她的恐惧心理（我 -5），并且有时用夸张幽默的方式进行表达，以引起来访者用更为现实，不太恐惧的角度思考问题（萨拉 -54，萨拉 -55）。在整个疗程中，我总是直接、真诚和坦率（我 -7），并且揭露来访者的夸张说辞、非理性信念和不合逻辑的跳跃思维（我 -6）。我考虑过最糟糕的情况（我 -9, 我 -15），考虑过回到应该、来访者此刻的倾向（我 -16, 我 -29）。我给出现实的希望和乐观主义（我 -10），这样她可以学到健康的思维方式。我请她关注主要问题，坚持从理性的角度呈现问题（我 -28），用健康的、无强求的语言论证问题（我 -29）。我指出喜欢和强求之间的区别（我 -30，我 -35），指出理性信念和非理性信念之间的不同，并且指出萨拉的情绪困扰（我 -40，我 -51），抑郁（我 -12，我 -16，我 -68）和焦虑（我 -49）的根本原因所在。更多的幽默建立舒适和融洽的关系（我 -32）。我鼓励来访者注重评价她的思想（我 -14，我 -56），在不同的时间里，审查她对理性情绪行为治疗的掌握程度（我 -35，我 -60，我 -67）以及是什么造成了她的困扰。我继续揭露她要求得到认可的需要（我 -53），揭露她更多的非理性信念（我 -63）。我指出她对自己不切实际的期望（我 -73），指出她追求完美的需求（我 -75），指出她的自虐倾向（我 -76）。给出了说明和鼓励（我 -76）。

在一个简短的 15 分钟疗程中，萨拉认识到是什么造成了她的困扰，如果她改变自己做事的癖好，她就会得到现实的希望。她学习了理性情绪行为治疗的主要原理，学习了如何通过和她的非理性信念做辩论，通过用理性哲学观念代替非理性观念，来改变她的非理性思想和情绪。

我无情地揭露了来访者自我挫败的观念，勇敢地和它们挑战，用健康的方法教育她，对她进行鼓励，并相信她有能力改变自己的不正常思想。我解释：要无条件接受她自己，而不接受自己的不良倾向，二者之间的不同是很明显的。真诚和幽默促成了和谐。我当时挑战的能够预见她观点和信念的能力也有利于和谐融洽的发展，因为这会给来访者一种被理解的感觉。我没有为来访者完全代劳，我经常问萨拉一些问题，让她想想自己做了什么事让她心烦意乱，她的回答表明她懂得我向她表达的意思。我一直向她灌输理性情绪行为治疗的理念和方法，让她能够掌握好这种方法，并且在未来产生不正常思维和情绪，或者有不正常的行为表现时，能够使用这种方法。因此，在她的治疗过程中我不仅仅致力于单一的某个问题。她如果继续努力运用她学过的理性情绪行为治疗的知识，有可能会出现持久的改变。

抑郁症

对于许多重度抑郁症来访者，也许是有自杀倾向的，对他们使用理性情绪行为治疗中的积极指导理论和实践非常有效。重度抑郁的情况，特别是有内源性抑郁症的来访者（与生化相关），通常需要花更长的时间来改变。（Ellis，2001b）

当初次见到抑郁症来访者时，建议治疗师根据他们的表现、根据他们的历史背景（家族史），确定他们的抑郁是否主要是对逆境作出的反应，如重大损失、创伤或丧失能力（反应性抑郁），或是他们突然地"出乎意料地"感到抑郁，毫无来由地在生活中和活动中缺乏朝气或兴趣。如果是这样的话，他们是内源性抑郁症。治疗师询问来访者关于情绪困扰和其他问题过去和现在的药物治疗情况。如果怀疑他们患有内源性抑郁症，要寻找更多的关于他们个人病史和家族史的细节，并且从精神病医生那得到精神药理学的评价，考虑抗抑郁药物和其他合适的药物都是明智之举。许多来访者会拒绝药物治疗，如果他们拒绝进行药物治疗，在治疗期间我们告诉他们："我们要开始理性情绪行为治疗了"，如果他们坚持强烈使用该疗法，效果会更好。如果来访者表现出过于心烦意乱，以至于从单独的治疗中不能获益，我们后来解释清楚除了心理治疗外，接受药物治疗很可能更为明智。非功能性来访者和自杀来访者需要精神病学会诊，并且其中有些来访者需要住院治疗。

很多时候，不管来访者是否接受药物治疗，我们积极地揭露了自我选择和自我创立的非理性信念，这些非理性信念可能在很大程度上诱发了反应性抑郁——如绝对性的应该、必须和其他一些对自己、他人及外在环境的不切实际的要求。我们简单地解释了情绪困扰的 ABC 原理。我们告诉来访者如何能够独立识别非理性信念，坚持积极地反对自卑情绪，大幅减少非理性信念并将它们转变成健康的倾向。

抑郁症来访者通常相信两种完全让人衰弱的务必：第一种："我必须把重要的任务做好，必须要得到我觉得是重要人物的认可。否则我就是个没有能力、没有价值的人。"这种自我贬低的思想在抑郁的人身上很常见。第二种："我生活的环境和与我一起生活的人们，绝对要、必须要对我体贴点、公平点，给我真正想要的东西，并且很少严重挫败我！否则，我就不能忍受，我的生活就很糟糕，我一点也不喜欢这种生活。"

很少见到哪个有抑郁倾向和抑郁情绪的来访者，没有这两种主要的功能异常的信念，或者它们的其他变体形式。即使他们是内源性抑郁，他们的生化系统会鼓动他们歪想，因此他们的相关思想、情绪和行为都参与了他们的郁郁寡欢。

在第一次或第二次治疗期间，识别出来访者的非理性信念，并且我们开始教会他们如何发觉、如何反对他们自我毁灭的信念。我们也探索他们对自己抑郁压抑的可能性，如果他们有这种次生性症状，我们首先告诉他们如何减轻对于抑郁的苦恼，然后再消除或去除原始的抑郁。许多来访者发现去除次生性症状比去除原始抑郁症状更为容易。同其他困扰一样，我们为抑郁症来访者提供了很多认知、情绪和行为方法来帮助他们把自己的情绪困扰及对困扰的忧虑减少到最小。所选择和尝试的方法取决于每一个个体的特有品质；理性情绪行为治疗技巧因各个来访者而不同。

克服抑郁所需要的时间取决于几个重要因素：第一，抑郁症来访者如何面对他们的非理性信念，他们被困扰了多久；第二，取决于他们的生化系统是否严重不稳定；第三，取决于他们生活中的逆境种类、程度和持续时间。

尽管对于这些因素，相对而言，来访者的选择性很小；但是对于影响他们的逆境，如何去思考、如何去感觉、如何去行为，他们有很多的选择。人们天生就有一种反向倾向，后天也培养了这种反向倾向，比如，困扰的倾向相对于改变的倾向，相对于纠正自我挫败行为的倾向。我们有意识地选择使用何种倾向，是否要继续努力改变不正常的思想、情绪和行为，是否要努力改变造成我们继续抑郁的倾向，改变压抑抑郁的倾向。理性情绪行为治疗这一核心解决方法的终极目标是：坚持大力使用理性情绪行为治疗来减少抑郁情绪，然后继续做一次深刻的达观的情绪改变，这种达观的情绪支持一个人健康的目标、欲望和偏好，并且将绝对性的必须、应该和要求最小化。自我消沉、强求和把事情往坏处想的情绪已经不复存在。

桑迪，重度抑郁，因为她在 31 岁时做了双乳切除术，她认为：这是她过去，抑或将来所能遭遇的最糟糕的事情。她确定她的丈夫，汤姆，已经不再爱她了。因为她丈夫讨厌她的身体，不再说以前经常说的话："我就喜欢你的乳房，怎么都爱不够。我是多么幸运啊！"

桑迪也确信如果汤姆离开了她的话，她没有乳房的境况将绝对会妨碍她找到另一个"好男人"。她想象着过一种无穷无尽的孤独的生活，并认为那种生活很可怕。

刚开始，我（Albert Ellis）不能让桑迪相信：失去了乳房的确很不好，但却没有她想象中的那么糟，不是完全糟糕的事情。我指出，她原本会死于乳腺癌；而且，她有一些才能和乐趣，特别是她是一位优秀的钢琴演奏家，并且享受这种追求。对于我反对她把事情往坏处想的建议，她充耳不闻。因为，她说我不是女人，我不能理解一个女人完全没有乳房是多么可怕；我也不能理解如果她的医生推荐她做丰胸手术，对于她是多么糟糕的事。她保留自己固执的完全往坏处想的想法！此外，即使她做了丰胸手术，汤姆也绝对不会满意。

在这个阶段，关于桑迪和她的抑郁都毫无进展，我再次努力。

我告诉她如果她坚持因为双乳切除术而压抑自己，汤姆很可能会因为她的抑郁对她和她的身体失去兴趣。此外，她拒绝尝试抗抑郁药物是合理的，因为她的抑郁不是内源性的，只是在失去乳房后产生的，因此抗抑郁药物可能不会起作用。为了摆脱抑郁并且拯救她的婚姻，她必须要完全接受自己，接受自己的缺陷。仅此而已！

　　桑迪最终做到了这些——无条件地接受自己——她不是为了拯救自己直接做到的，而是为了拯救婚姻间接做到的。她重温了我的一些关于接受方面的书，把自我接受变成她最重要的事业，正如我说的，最后她做到了。特别是当在最近的演奏会上，她表演不好时（主要因为她抑郁的缘故），她彻底接受了自己，接受了自己平庸的表演，并认识到自己能够做到接受这些。然后她接受了自己的平胸，最后，她发现即使她失去了汤姆，她也能够接受自己。三种至关重要的接受自我的形式！桑迪有些遗憾但并不抑郁，桑迪和汤姆继续过着他们美好的生活。在接下来的演奏会中，她的表演是她有过的最精彩的表演之一。

　　在目前的准备工作中，我们讨论过使用理性应对哲学理念来克服抑郁、焦虑和愤怒。除了使用别的理性情绪行为治疗技术，这里有一些理性应对哲学理念的范例，如果抑郁症来访者经常强力对自己重复这些理念，这些理念可以帮助他们面对不幸事件：

- ■ "情况不好，但是原本情况可能会更糟糕。"
- ■ "情况不好，但是原本情况可能会糟糕得多。"
- ■ "情况不好，但是并不可怕。"

- ■ "情况不好，但是尽管如此，我还是很开心。"
- ■ "情况不好，但是生活还要继续。"
- ■ "情况不好，但是并没有那么糟糕。"
- ■ "情况不好，但是我还活着，还在努力。"
- ■ "情况不好，但是其他人的情况比我更糟糕。"
- ■ "情况不好，但是我能够找到一些好的东西。"
- ■ "情况不好，但是我能够从中学到一些好的东西。"
- ■ "情况不好，但是这样的困难能够让我更坚强。"
- ■ "失败不好，但是我要成功也要失败。"
- ■ "情况不好，但是事情也有有趣的一面，我可以享受这种乐趣。"
- ■ "情况不好，但是我可以妥协并且从中学到一些好的经验。"
- ■ "情况不好，但是我还可以使用它。"
- ■ "迟到不好，但是迟到总比不到好。"

杰西卡有严重的抑郁情绪，因为她没有完成大学学业，时常因为退学而斥责自己。当她抑郁沮丧的时候，她向自己承诺：第一，刻苦自学，完成函授学校学业，然后，读完我的一本书后，她承诺要消除她的自责心理。刚开始她并没有这么做，而且经常陷入抑郁的情绪。当我看见她寻求治疗时，我（Albert Ellis）对杰西卡使用了一些理性情绪行为治疗的方法，但是其中最有效的方法是让她列出所有抑郁带来的不利方面，并且每天重温 10 遍，同时让她列出花费时间、精力和金钱，有疗效地对抗自责，并反对把事情往坏处想所带来的所有不利方面。由于做完这个成本效益分析，她坚定地判断保持抑郁所带来的麻烦，比她克服自责心理，克服把事情往坏处想所带来的困难要更为糟糕。她给自己一整年的时间来运用理性情绪行为治疗方法，不管多么困难。仅在 10 个月内，她把自己抑郁情绪减少到偶尔的轻微抑郁。她认为自己是个"正常人"，是因为自己治疗的成功，而不是因为自己获得了非常大的成功。当她战胜了这种有条件自尊问题，她使用成本效益分析技巧享受了成功的喜悦（她的团体治疗中的其他成员并没有成功），她并没有因为成功评价自己。

我（Albert Ellis）有一个来访者，叫罗德里克，很好地使用了我的理性情绪行为治疗书中的一个例子。我提供的案例是一个重度抑郁的人，名字叫威尔，在跟我做 12 次理性情绪行为治疗之前，他有数年的无效治疗经验。他第一次体验理性情绪行为治疗是他在我定期的星期五夜晚工作坊里，面对 150 多名观众，自愿诉说他的问题。

我的习惯是，在公开场合告诉威尔，他的一个主要问题是他如何因为工作中的拖延而痛斥自己，而不是告诉他如何可以通过谴责自己的拖拉不是谴责自己，来无条件接受自我。威尔立刻明白了这个"革命性"的观点，特别是观众中有些人分享了他们是如何通过努力无条件接受自己，减轻了他们的抑郁症状。然后他跟随我进行了 12 次理性情绪行为治疗治疗，并脚踏实地地实现无条件接受自己，特别是使用合理的情绪想象技术。他从重度抑郁——在 10 分量表获得9分达到中度抑郁和偶尔抑郁，最终达到10分量表中仅得2分。

罗德里克在经过8次理性情绪行为治疗后告诉我，阅读了我书中威尔的案例后，他感觉他的重度抑郁已经好了一半。在见我之前，他使用过威尔使用过的合理情绪想象技术，并且对他帮助极大。他跟我的这8次治疗也强调无条件接受自己并且反对把事情往坏处想，但是尽管他从来没有见过威尔，从来没有参加过我的星期五夜晚工作坊（因为他是一个正统的犹太人，礼拜五从来不外出），他坚决主张通过模仿威尔的例子，他的治疗有了一个不可思议的开始。

很多其他人也告诉我们通过模仿一个活生生的例子或是模仿书本中的某个例子（其他作家的书籍），极大地帮助他们克服了他们的情绪问题。

朱莉娅，34岁，抑郁症来访者，刚开始她强烈反对我指出她对于自己才智方面的有条件自尊，并反对我指出她的写作成就极大地妨碍了她真正实现无条件接受自己，但是当我不断地告诉她这种自保性辩护的危害有多大时，当我无情地揭露她冷酷的自卑心理时（主要是造成她抑郁的心理），最后，她看到了光明，她甚至更无情地攻击自己的有条件自尊。她为攻击我的直接和气势表示道歉，并且说如果没有我的直言相告，她绝不会突破有害的对自身的表扬，而不是表扬她的好的行为表现。

我收到了很多封来自以前来访者的信件，说他们事实上，如何被我刚开始对他们不正确思想——情绪——行为的猛烈攻击所震惊。最终，有时候多年后在治疗时我见到他们，他们"明白"了我"攻击"他们的原因，开始完全揭露他们自己的反抗心理，并且他们取得了很大的进步。当然，很少有以前的来访者来信告诉我说他们仍然反对我极力教育他们如何精力充沛。了解他们是否最终"明白"了这一点是非常有趣的。

对于有自杀倾向的人，我使用了合理情绪想象技术。格雷戈里，在他已经接受抗抑郁药物治疗，但仍然有自杀倾向的时候，有一次企图用自杀来结束自己的抑郁。我让他知道他一直在告诉自己生活没有希望，不能是个低收入的清洁工，并且自己完全一文不值。我说，如果他可以接受自己的缺陷，他就会大大减少抑郁情绪。格雷戈里说也许是这样，但是只要他有的是一份低收入的工作，比如现在的这份清洁工工作，最低的生活保障，身陷债务，他肯定不会接受自己。看到他如此固执地坚持自己的抑郁状态，我给他提供了理性的情绪想象。

阿尔伯特·艾利斯：闭上双眼，想象一件发生在你身上的最糟糕的事情：你只能够保留现有的这份清洁工工作，房客和房东不断地对你大吼大叫，不停地说你没用，并且你的收入仅仅能够让你生存和付每个月的债务。你能够身临其境地想象所发生的情景吗？

格雷戈里：想象这种情景？事实正是这样。我负债数百美元。我仅仅能够付这个月的生活用品费用。

阿尔伯特·艾利斯：好！生动地继续想象情况变得越来越糟糕。

格雷戈里：噢，情况确实变得更糟了。

阿尔伯特·艾利斯：很好！你确实进入了这种情景。那么当你想象最糟糕的事情不断发生时，你有何种感觉？

格雷戈里：非常痛苦。抑郁。我又一次想要自杀了。（这个时候，我的星期五夜晚工作坊的观众成员开始显露出焦虑。）

阿尔伯特·艾利斯：这不好，要尽可能地去感受它。感到情绪特别低落和压抑。感到毫无希望，绝望。确实感到抑郁、没有价值。感受它，感觉它，让你自己真实地体会它。

格雷戈里：噢，我感觉到了。真的感觉到了。我是一个无可救药的笨蛋。有什么用呢？

阿尔伯特·艾利斯：这个技术你确实使用得很好！在观众面前也使用得很好。又一次，感到非常低落和抑郁。

格雷戈里：我已经无法感觉更糟糕的了。

阿尔伯特·艾利斯：你真的非常合作！我喜欢你的勇气！感到非常绝望和抑郁。没有逃避它，没有压制它。那么现在，继续保留你对自己糟糕境况和贫穷的负面图像，让自己感受不健康的难过和失意，非常难过，非常挫败，但是不抑郁。你，像每一个人一样，能够控制自己的情绪。因此想象这种糟糕的图像，让自己感到非常伤心和难过，但是仍不会抑郁。

自愿参加的人都非常安静，显然在努力改变他的情绪但却没能完成。

阿尔伯特·艾利斯：好，继续努力。这很难，但是你可以做到。只是让自己感受难过和挫败，它们都是健康的情绪，而不是没有希望和抑郁，这些是不健康的情绪，不会帮助你。你能够做到，你能够做到！当你做完这一切请告诉我。

格雷戈里：（两分多钟的沉默后）我想是这样，我做到了。

阿尔伯特·艾利斯：很好。你是如何做到的？你做了些什么改变了你的情绪？

格雷戈里：嗯，我首先告诉自己，"地狱，那是以前的过去，但是它将很可能会改变，变得比以前所发生的更好。"

阿尔伯特·艾利斯：嗯，还有别的吗？

格雷戈里：嗯，在我们谈话前，你告诉我一个理念。你说我可以接受自己的缺陷，甚至可以接受自己的抑郁。即使在我情绪低落和抑郁的时候，我也可以看到自己是个还不错的人。

阿尔伯特·艾利斯：为什么能做到这样？

格雷戈里：因为，正如你所说的，我自己的价值不是取决于我对于他人的价值。

阿尔伯特·艾利斯：不是，如果你认为它不是就不是。

格雷戈里：不是的，我认为它不是就不是。（这时，观众成员热烈地鼓掌。）

阿尔伯特·艾利斯：好极了。你确实做到了。但是也许只是轻度相信。你做得非常好。但是我希望你真正地坚信你刚才所说的话。

格雷戈里：噢，我愿意这样做。

阿尔伯特·艾利斯：很好。我希望你在接下来的 30 天里，每一天做一次相同的合理情绪想象。这次做，你仅仅需要花上几分钟。所以每天做一次，坚持30天。首先，想象最坏的情景——像你做过的那样。让你自己感受非常绝望和抑郁的情绪——像你再次做的那样。然后，在这种残酷的情景下，让自己感觉健康的难过和挫败情绪，但不是抑郁情绪。

格雷戈里：难过和挫败情绪，不是抑郁。

阿尔伯特·艾利斯：完全正确。每天1次，连续做30天，直到你训练自己——是的，训练自己——去感觉到难过和挫败，而不是抑郁，直到不久之后，你自然地、无意识地以那种方式去感受。你愿意这样去做吗？

自愿者同意这样做。几周后，我和他的心理医生聊天，他说格雷戈里已经明显好转了——有时候格雷戈里仍然会抑郁，但是没有自杀倾向。

如果使用的人没有认真做，或者只做了几天就停止了的话，合理情绪想象技术并不总是有效的。但是，如果他们认真去做，并且坚持做哪怕是连续做10天或20天，他们总会得到好的结果，特别是在相信和体验无条件接受自己的理念方面，作为一个自愿者，格雷戈里似乎是如此。

极度愤怒

再说一遍，自我挫败是造成极度气愤和愤怒的关键所在，特别是3个主要的"必须"理念：

1. "我必须一定要做好，否则我就是一个能力不足的人。"

2. "你必须要对我友善和公正，否则你就该死。"

3. "我生活的环境必须要舒适，否则生活就很糟糕，我忍受不了。"

罗伯特是一个白人男子，来自惬意的中产阶级；他的家族信奉基督教，尽管他们很少去教堂。他认为自己"大多数时候是无神论者"。在青少年时期，罗伯特比其他大多数孩子要强壮，喜欢欺负他们。他发现自己经常对其他的年轻人表现太多的愤怒。伙伴们有一次发现他真的对他们发怒了，看着他的体格，他们任由他对他们恐吓而没有任何还击。因此，他不断地展现他尖锐的一面，并且变得很擅长这样去做。

作为一个 28 岁的成年人，罗伯特终止了绝大部分愤怒，但是当再次发生时，愤怒吸引了他，分散了他的注意力，因此让他无法学习法律，也导致许多人认为他是"疯子"。在接受了几个月的理性情绪行为治疗后，他大部分的愤怒情绪没有了。在治疗师的帮助下，他成功地识别出造成他愤怒的需求，他竭力同这些需求做辩论，并经常重复合理的意愿，用合理的意愿代替让他产生愤怒情绪的需求。

但不幸的是，罗伯特非常英俊，因为不止一个女人——既有法律学生也有老师——他们喜欢罗伯特并与他有暧昧关系，这导致同学们对他产生了偏见。他喜欢自己的性生活，但是讨厌因为嫉妒而诽谤他的男人和女人，并认为他们对自己有偏见"毫无理由"。他尤其讨厌嫉妒他的那两个女教授，她们鄙视罗伯特和另一个以前的教授约会。当这两个嫉妒的女人给他打了低分时，他又变回到了以前一样的愤慨。

当我在治疗过程中看见罗伯特时，他坚持认为因为他法律的天赋和以前一样好，这两个嫉妒他的教授"无论如何也没有权力"不公正地看待这一点，不公正地拒绝给他应得的好分数。然而，这两个女人偏偏使用了她们原本不该有的权力，给了他平庸的成绩。罗伯特一直很愤怒。罗伯特说，由于知道他对她们是多么愤怒，那两位教授竭尽全力要给他致命的一击。其中一个教授给他本来该是 A 等级期末论文打了个 B 等级。罗伯特对此感到怒不可遏。

我帮助罗伯特认识到嫉妒和不公正是人生百态中的常见现象，而他的愤怒，如果有的话，将会增加嫉妒和不公正现象，正如在这两个教授的案例中所出现的。愤怒不能阻止偏见——恰恰相反！

在这个时候，罗伯特决定改变他对那两个嫉妒教授的策略。尽管他强烈地认为她们不公正，但他没有采用敌对行为，甚至恭维他们。他坚持写好自己的论文。这两个教授开始给罗伯特打上他"应得的"分数，到学期末，他的这两门课程均得到了 A。

还好，罗伯特认识到他的愤怒让自己变得心智不全，他认识到自己执迷于两个教授的"不诚实"，这是幼稚的。因此当他成年后，他不再对同学发怒，他又回到了过去，像以前那样屈服于别人。他对两个教授没有完全做到无条件接受她们，但是他停止揭露两个教授的不诚实。

　　罗伯特真诚地想要继续停止他的愤怒，曾经一度减轻了愤怒的情绪，但是后来又曾退回到不良的习惯。他采取了理性情绪行为治疗关于预防反复的措施。他做到了以下几点：

■ 他承认自己在暂时放弃后再一次大动肝火。

■ 他确定愤怒对他以及他的人际关系均不好，但是他没有责怪自己有愤怒的情绪。他指责的是自己的愤怒而不是自己。他没有谴责自己——仅仅谴责自己的行为。

■ 他寻找自己愤怒背后的非理性信念。"她们不可以不公平地对待我。""她们的不公正行为绝对不能原谅。""她们完全是混蛋。""我不能忍受她们对我不公正的对待！我脑海里别的什么都没有！"

■ 他把自己上帝般的需求改变为现实的偏好。"她们是凡人，容易犯错，确实有权对我不公正。公平正义不一定获胜！""不管她们有多么的不公正，我都能够接受她们的行为，而且也没有必要指责她们的人品。""如果我继续为她们卑劣的行为生气，我将会把此事铭记于心。但是尽管不喜欢，我也可以忍受。"

■ 他坚持极力地反对他的非理性信念："不幸的是，她们应该公正地对我！""她们不公正的行为是错误的，但是她们也会做一些公正的事情，所以她们不完全是混蛋。""当我看见自己可以忍受她们的卑劣行为，我就会享受更多开心的事情，并且停止纠缠于此事。"

■ 为了过一种有价值、更快乐的生活，他寻找生活中可以找

到的许多美好的事情，并且有目的地追求它们。他追求友谊，并且
同与自己有相似爱好和价值观的人交往，他追求自己特别喜欢的爱
好和活动。

低挫折承受能力

低挫折承受能力（LFT）是指无法接受自己不喜欢、不希望或
不想要的生活方面，从而造成不健康的情绪状态，如愤怒、自怜和
抑郁。

不仅仅是有成瘾问题的人和滥用药物的人会遭受低挫折承受能
力。低挫折承受能力也可以看作是苦恼焦虑的一种形式。很多人都
会遭受此种痛苦。造成产生低挫折承受能力的典型的非理性信念有
如下几点：

■ "很难迅速完成我接受的这个项目。这个项目应该容易点。"

■ "我要做的这件事情不仅仅难，是太难。我现在做不了！"

■ "人们绝对不可以像他们那样对待我，行为令人很沮丧、令
人很不愉快。"

■ "我无法忍受巨大的或者是持续时间很长的挫折。"

■ "发生在我身上的事情极坏——因此很糟糕！"

■ "我没有办法应对这种恐惧，因此我无法面对，也无法解决！"

■ "我必须要找到一些开心的事情来转移我的注意力，让我暂
时忘记这些可怕的挫折。"

■ "即使想想这种可怕的境况，也会让我完全心烦，所以我不

会再想了。"

　　■ "这种挫折很糟糕，所以如果我关注它，我可能一点也不开心。"

　　在对患有严重苦恼—焦虑或苦恼—抑郁的来访者进行理性情绪行为治疗的过程中，治疗师可以采用许多认知、情绪和行为方面的技术。经常向来访者说明他们快乐地沉浸在今天——和他们为明天付出高额的代价的成本效益比，是特别有帮助的。治疗师帮助他们列出拖拉和不去做他们"承受不了"的事情所带来的一系列痛苦，并告诉他们尽管今天做这些繁杂的事情非常困难，由于他们"不能忍受"而不去做，所以以后做这些事情会更加困难。同时也告诉来访者如何模仿虽有严重残疾但逼迫自己做出了很大成绩的人。一些理性情绪行为治疗中的情绪技术，如合理情绪想象、羞愧脱敏练习、强有力的应对性表达、极力辩驳，还有角色扮演也非常有帮助。

　　在行为上，理性情绪行为治疗的治疗师帮助患有苦恼—焦虑（和一些其他焦虑）的来访者继续停留在困难的情境并且影响他们的低挫折承受能力，直到该情绪得以减轻；当他们及时做自己回避的困难任务时，治疗师帮助来访者激励自己；有时候，当来访者逃避做事时，治疗师帮助来访者自我惩罚；治疗师还帮助来访者使用其他的理性情绪行为治疗中的行为方法。

　　理性情绪行为治疗师和来访者的终极目标是努力完成"核心的"理性情绪行为治疗解决方法来改变低挫折承受能力和如下方面：

　　1. 努力把来访者的苦恼——焦虑中破坏性最大的方面减少到

最小；

2. 努力寻找并减少来访者起初可能没有说到的关于焦虑的其他方面；

3. 尝试帮助他们很少使用严重的低挫折承受能力；

4. 如果来访者出现复发情况和他们再次遭受低挫折承受能力折磨时，鼓励他们建设性地使用理性情绪行为治疗方法；

5. 逼迫他们在今后的生活中，致力于抵抗他们潜在的低挫折承受能力；

6. 当他们面对可能会发生的不寻常的挫折和限制时，如果他们仅仅轻微地困扰自己，或者是如果出现反复倾向时，帮助他们无条件接受自己。

完美主义

非理性信念是人们打败自我的关键所在，他们认为自己始终要事事出色，成就卓越和各个方面胜任有余，才可称得上是有价值的人；当事情没有按照他们的希望所发展时，就会糟糕可怕，极具灾难性；要有一套恰当、正确并完美的解决方法，如果没有找到一套完美的方案，后果会极为严重。

希望得到自我感觉好和解决问题的好方法，这是合理的，但是如果像完美主义者一样，把"希望"升级为"必须"，会导致焦虑、抑郁和其他不健康的消极情绪。他们也会经常产生次发性症状，如认为这是"糟糕的"和"不完美的"会使他们感到焦虑，又会导致对焦虑的焦虑。

完美主义者往往是高条件的自我接受者，他们把自己的价值建立在达到完美，做得比别人都好的基础上。

完美主义者比许多非完美主义者在他们的非理性信念上要更为僵化教条。

理性情绪行为治疗师将会和来访者一起帮助他们理解强求，而不是更喜欢，完美主义会制造焦虑、抑郁、自我责备和责备他人、挫折承受力低，并且常常让他们得到更少想要的东西。

许多理性情绪行为治疗技巧中的认知—行为和情绪技巧，能够帮助他们把要求改变为选择，如同各种必须的理念做辩驳；冒险；敢于故意做得不完美，以此来看看世界是不是真的到末日了；羞愧脱敏练习等更多的技巧。

成瘾问题和人格障碍

并不是所有的成瘾问题都是一样的。许多方面促成了人们的成瘾问题。虽然许多来访者是挫折承受力低的"好的神经质"，当他们想得到一个东西时，他们要求一定要得到，大部分人也有严重的人格障碍（PDs）。具有人格障碍的人也许更有成瘾倾向。许多来访者有多种成瘾现象（双重诊断；费尔藤 & 佩恩，2010）。

认识到"好的神经质"成瘾者和具有严重人格障碍来访者之间的区别，并正确使用本书中描述的理性情绪行为治疗中认知、情绪和行为方法，对于治疗师来说是很重要的。最重要的是要教会这些来访者无条件接受自己、无条件接受他人和增强抗挫折承受能力。

在向具有成瘾行为的来访者描述理性情绪行为治疗的应用之前，我们要向具有人格障碍的来访者交代几句话：根据《精神失常诊断与统计手册》第4版本，修改文本（DSM-IV_TR；美国精神医学会，2000年），有一些人格障碍的来访者常常表现出偏执性人格异常、精神分裂、反社会性人格异常、边缘性人格异常、回避反应、依赖性或强迫性人格异常。当在人格障碍分类中不可诊断并被视为是神经症时，他们很容易被看作是内源性焦虑，内源性恐慌，内源性抑郁，内源性愤怒，或先天性有容易有过激的生物倾向，或对压力和日常生活的考验应对能力不够，或两者都具备。

许多患有严重人格障碍的人，他们的家庭成员也先天性容易受到干扰，因此他们的童年和晚年往往会比我们许多人体会到更多的压力。他们易受困扰的先天因素和恶劣环境的相互作用，这是造成他们比原来会更沮丧的一个重要原因。然而，在生物学上，容易受到困扰的人们，不论他们的早年环境和晚年环境如何，都经常有自我挫败的想法、情绪和行为。

具有人格障碍的人往往一开始就有的几种主要的困扰因素有：第一，他们有强的破坏性想法、情绪和行为，特别是在复杂的人际关系中；第二，由于他们的生物障碍和社会障碍，结果他们被卷入悲惨的生活（C）；第三，悲惨境遇（As），不正常的信念（Bs）和自我挫败之间的相互影响产生了负面的影响。

由于他们先天不足和环境恶化的缺陷，他们处理人们困惑的

ABC原则中会存在不寻常的问题。在逆境这个方面（A），他们比没有缺陷的孩子有更多的不幸经历（比如，他们有更受困扰的父母，他们的父母也许会因为他们的特性批评他们或者过于保护他们）。在信念这点上（B，信念系统），对他们不寻常的逆境（A），他们会想歪（因为他们与生俱来的和习得的认知—情绪缺陷），因此最终会导致严重的人格障碍。

当具有严重人格障碍的人可能会面对更多的逆境和困扰，他们会比没有人格障碍"好的神经质者"更容易有成瘾的倾向，这会让他们更为沮丧。由于面对的往往是更大的、难以承受的挫折，许多人形成了不同程度的低挫折承受性，再者由于他们比较大的失败和拒绝，许多人对他们的缺陷和失败会产生神经性自责情绪。有些人，因为生理的原因，可能会更容易强求，如他们不应该有挫折，必须要表现好，他们可能会更易于强求。因此，因为生理原因和环境原因，具有人格障碍的人经常感到如此困扰，以至于他们陷入喝酒、吸毒、抽烟、暴食、赌博和其他的成瘾问题，以此来暂时减轻他们受困扰的思想、情绪和行为。强迫症来访者和其他的人格障碍来访者会有神经异常的表现，妨碍了他们的正常食欲，干扰了他们大脑的欲望控制中心，并且减少了控制强迫性放纵的能力。

理性情绪行为治疗中，不管是针对有人格障碍的人还是没有人格障碍的人，治疗师解决成瘾和复发问题的基本途径有如下几点：

帮助来访者在成瘾或复发之前识别出他们的非理性信念，并且强烈地同这些信念进行辩驳。

帮助来访者识别出任何的自责情绪，并帮助来访者认识到为了逃避现实，他们越自责，越会想沉浸于他们的嗜好。

帮助来访者无条件接受他们自己，然而不能接受他们自暴自弃的行为：那就是说，责备自己的愚蠢行为，但不要责备自己，他们的本质，或他们的人格。

尽管来访者的行为也许会愚蠢，并且有自我毁灭的倾向，继续强调并教会他们对自己负责，尽管如此，作为人，他们总是受欢迎的，有价值的，有能力努力改变破坏性行为。

当来访者成功地远离他们的成瘾问题时，可以提供多种多样的理性情绪行为治疗训练，去挑战他们任何的自我贬抑，并且帮助来访者抵制抑郁和焦虑。这些训练包括羞愧脱敏训练；合理情境想象；写下反对或离开成瘾问题，坚持自暴自弃和成瘾行为的成本—效益比清单；坚持强烈的反驳非理性信念，等等。

如果来访者复发或是推迟并且不做家庭作业，鼓励他们继续反对任何的自卑情绪，也鼓励来访者辨认任何关于复发或拖拉的合理化或拒绝的理由，并且指出这些可能会带来短期感觉还好，但是事实上，阻止了行为、思想和情绪的恢复和改进。理性情绪行为治疗教育来访者要无条件接受自己，认识自己的错误并致力于纠正他们。自责越少，进步越快。

如果来访者对于他们的情绪困扰（如认为他们不能承受焦虑或抑郁）承受能力低（LFT），他们可能会为了逃避焦虑或抑郁的痛苦，而回到上瘾的物质或行为。理性情绪行为治疗师和来访者一起努力，帮助他们理解他们的挫折承受能力低，并督促他们面对现实，而不要一直把事情往坏处想。治疗师帮助他们相信他们能够承受他们的焦虑或抑郁，当来访者"承受"抑郁或焦虑的情绪时，他们能够努力减轻这些情绪。逃避或者麻痹自己很可能让他们的困扰情绪更加糟糕。鼓励来访者认识到坚持使用理性情绪行为治疗的方法，随着他们努力把焦虑和抑郁转化为健康的、合理的情绪（如担心和失望），他们生活在困扰中的时期将是短暂的。

　　坚持在合适的支持小组的帮助下，使用理性情绪行为治疗，能够帮助来访者逐渐地越来越不容易受到困扰，并减少成瘾复发的可能性。

边缘性人格障碍

　　患有边缘性人格障碍（BPD）的人，似乎天生就有情绪障碍，如心境恶劣、躁郁症、容易被激怒和惊慌失措、表演型人格障碍和神经过敏。他们经常表现出行为困难，如多动症、高度警觉和情绪冲动。他们也许会非常吵闹、唠叨、过度不安、情绪暴躁并且有反社会倾向，他们经常也异化、上瘾、过度依赖、注意力不集中和没有目标（Cloninger，2000）。他们经常表现出认知困难，如注意力不集中，思想僵化、没有能力组织好，思想冲动、健忘、在他人眼中形象不一致，作为一个持续的过程而不能保持一种时间的感觉，学习障碍、知觉失能、双相倾向（proneness to be double-bound），有夸大事情重要性的倾向，刻板、强求、严重自卑、没有目标、回忆和认知上有障碍，缺乏语义编码。没有边缘性人格障碍的人们可能也会有这些认知组织缺失，但是通常这种缺失不太严重，他们能够更好地应对，主要是在紧张的环境下表现出来，然而患有边缘性人格障碍的人往往是内源性的而且更为严重（Cloninger，2000；Linehan，1993）。

边缘性人格障碍的主要特征包括不稳定的人际关系模式，自我破坏的冲动，情感不稳定，强烈的不恰当的愤怒，周期性自杀倾向，明显而持续的身份（认同）的紊乱，长期的空虚感或者厌倦感，疯狂努力以避免真实或想象中的被抛弃。（American Psychiatric Association，2000）

根据理性情绪行为治疗理论，患有边缘性人格障碍的人们往往会观察到或者感觉到他们的缺陷，也会因为这些缺陷看低自己。他们经常要求他们自己必须要行为得体，如果行为不得体，就会责怪自己，容易感觉自己是能力不足的人，具有边缘性人格障碍的人往往会有这种感觉，这种情绪将来会大大地加重。

他们往往会对障碍较少的人产生嫉妒仇视心理，根据DSM-IV-TR的注释，边缘性人格障碍来访者坚持认为这些障碍较少的人不应该比他们具有更多的优势，并常常表现出"不适宜的、强烈愤怒情绪或者难以抑制的愤怒情绪（如：经常乱发脾气，经常生气，经常出现打架现象）"（American Psychiatric Association，2000，p.710）。

通过强求，他们往往会产生或者加剧他们固有的LFT（低挫折承受能力），如"毫无疑问，我不能被这些障碍所伤害，不能因为

这些障碍被瞧不起！"因此，他们会很容易产生并加剧挫折承受能
力低的现象，正如 DSM-IV-TR 所说，"身份 (认同) 的紊乱：自
我形象或自我意识出现明显的、持续的不稳定"和"疯狂地努力以
避免真正或想象中的被抛弃"（ p. 710)。如果他们观察到他们的边
缘性性格特征和他们在社会上的真实障碍，这样，他们经常神经质
地要求（ a ）"我必须做到比实际做得好。"（ b ）"其他人绝对不
能因为我的缺陷而对我不公正。"（ c ）"我的生活环境必须不能
如此不利。环境不利时太可怕了，我承受不起。"当他们采取这种
方式行动时，患有边缘性人格障碍的人会让他们自己更加困扰——
并更不正常。此外，在治疗中，他们通常会憎恨自己、憎恨他人，
憎恨他们自己的缺陷，对于自己的缺陷，对于自己的治疗师，他们
感到真的很苦恼，并且又一次让他们寻求改善的处境和潜能变得更
加糟糕。

由于他们先天的认知障碍、情绪障碍和行为障碍，又因为他们
对于自己的这些障碍感到自卑和承受能力低，患有边缘性人格障碍
的人们变得更加不正常。他们对自己的缺陷进行自我贬低，并且极
度不容忍，这往往会让他们更加受到伤害，对他们的功能障碍更为
困惑，接着更为异常。结果产生恶性循环，在这个过程中，障碍造
成了困扰，困扰又促成了更大的障碍，更大的障碍又促成了更多的
困扰。

如果要帮助患有边缘性人格障碍的人把他们的自我贬损和LFT
（低挫折承受能力）减少到最小，使用理性情绪行为治疗可以部分

地缓和这种恶性循环。然而，他们原本的认知缺陷、情绪缺陷和行为缺陷，经常会让他们呈现出有强迫性的倾向，并且会坚持必须化的观念，这会导致他们自卑，不能承受挫折，阻碍了他们减轻功能障碍，并经常严重地加剧了功能障碍。

正如每一个接受治疗的来访者，理性情绪行为治疗师竭尽全力影响他们的边缘性人格障碍来访者，帮助他们取得最大可能的进步，但是事实上，大多数来访者取得的成效很有限。因为许多来访者可能会比别的来访者更加不想改变，由于他们挫折承受能力低、短期享乐主义、注意力不足或注意力不集中，他们可能不会做坚持不懈的努力或足够的努力来实现改变。在治疗患有边缘性人格障碍的来访者期间，建议治疗师要设法做到无条件接受他人，具有高挫折承受能力并且要有耐心。

用于治疗患有边缘性人格障碍来访者的理性情绪行为治疗包括以下几点：

■ 揭露他们的非理性想法和自我挫败的想法，并同这些想法做辩驳。他们固执的思维方式可能是自私的——如，他们也许会用企图自杀或威胁自杀的方法来控制别人，或者诱使他们对自己的方式进行妥协，以此来满足他们对关注的需要或者达到别的目的。有些技巧可以让辩论更为有效，其中包括马尔西亚·莱恩汗（Marcia Linehan）（1993）的辩证技术或对立说服技术，本杰明（Benjamin）（1996）用于来访者的咨询方法，或者是海耶斯（Hayes, Strosahl & Wilson, 1999）用于恐慌症来访者的矛盾和隐喻方法（有时也可用于边缘性人格障碍的来访者）。因为患有边缘性人格障碍的来访者总是善于抓住他们的困扰不放，同样善于辩论的治疗师有时候能最终获得成功。尽管聪明的治疗师和精于算计的治疗师的机敏的回答有时候能够胜出，但是从长远来看，坚持常规的理性情绪行为认知行为治疗的策略可能会更有效。

■ 特别教导边缘性人格障碍来访者如何无条件接受他们自己，他们可以选择只评价他们的思想、情绪和行为，而不是评价他们自己，他们整个人或者是他们的本质。他们能够认识到边缘性人格障碍的缺陷，但是也不会因为这些缺陷而责备他们自己。

■ 向边缘性人格障碍来访者指出低挫折承受能力引起的自我挫败的后果，并教会他们如何改善它，特别是通过极力地与内在的要求做辩驳。目的是达到高挫折承受能力。

■ 鼓励来访者实现无条件接受他人。

■ 谈及这样一个事实，那就是边缘性人格障碍来访者服用的一些药物，包括抗抑郁剂，会产生副作用，还有一些药物对这类人群不起作用。在理性情绪行为治疗中，有种工作是帮助来访者增强他们的挫折承受能力，减少来访者为了避免副作用而抵制接受药物治疗的心理，这种工作能够帮助来访者愿意坚持尝试得到最合适的药物治疗，并容忍其副作用。

随着精神病药物学的发展，或许是其进步，以及心理治疗的发展和进步，两者结合起来，也许能更好地治疗具有更极端、更困难边缘性状态的边缘性人格障碍来访者。然而，即便是在现在，边缘性人格障碍来访者和治疗师所面临的挑战性工作，尽管困难，却能够取得进步，并从中获益。

强迫症

在本章的后半部分，我们讨论了亚瑟的案例，亚瑟是一个强迫症来访者，并提供了补充解释，因此本部分非常简短。

正如边缘性人格障碍来访者，理性情绪行为治疗中针对强迫症来访者的主要目标有如下几点：

■ 努力实现高挫折承受能力；

■ 培养无条件接受自我、无条件接受他人和无条件接受生活的能力；

■ 使用很多理性情绪行为治疗方法——认知、情绪和行为方面的，如：

——现实地、合乎逻辑地并且实际地同非理性信念进行辩论；

——做成本—效益分析；

——使用合理的因应句型；

——和其他人分享理性情绪行为治疗；

——模仿；

——家庭作业：写下他们的 ABCDE，等等；

——使用心理教育材料；

——强有力的使用因应句型；

——合理情景想象；

——做羞愧脱敏训练；

——录制激烈的辩论；

——角色扮演和逆向角色扮演；

——现实脱敏；

——停留在"恶劣的"处境，同时提高他们的挫折承受能力；

——使用强化和惩罚。

对一些强迫症来访者，希望在接受理性情绪行为治疗外，还要去看精神病药理学家，并根据需要，接受合适和有效的药物治疗。

创伤后应激障碍

创伤后应激障碍（PTSD）的一个主要原因是，遭遇创伤性震惊的人把这种创伤极力往坏处想，这会导致他们压抑或者抑制它。不面对创伤，不去克服创伤，对创伤的感受很可能继续能够感觉到，并将持续产生。

理性情绪行为治疗师将会和创伤后应激障碍来访者一起揭露必须化的观念。想象暴露疗法、合理情绪想象技术和真实的冒险对于震惊脱敏，均有有效的帮助。警惕继发性症状是很重要的，如对恐慌的恐慌，在此之后，要减少或者消除恐慌。向来访者指出他们的认知，也许在创伤时刻会帮助他们起到防卫作用，现在对他们的生活起了负面影响。（Paulson & Krippner，2007）。

除了前面提到的 REBT 方法外，包括极力和非理性信念辩论，这些非理性信念如不应该发生创伤，来访者应该要预防创伤，或者不能预防创伤让来访者变成一个没有价值且能力不足的人。一些理性情绪行为治疗——认知、情绪和行为技术作用非常巨大。当来访者认为不可能恢复时，REBT治疗师要鼓励来访者争取治愈的可能，鼓励他们坚持使用这些方法才会带来改变，并且会向他们讲述遭遇过创伤但接着又变好起来，并生活得很好的案例。对来访者进行关于创伤后应激障碍产生的条件及其后果方面的心理教育，是十分有用的。让来访者认识到严重复发反应和他们遭遇的其他症状是出乎预料和十分常见的现象，这会帮助他们减轻把事情往坏处想的想法。

经过一个疗程，或者是几个疗程，随着治疗师投入感情地倾听来访者，并将恐惧的反应正常化，这时通过来访者更能够和治疗师谈论理性情绪行为治疗理论和实践，更易接受理性情绪行为治疗，将理性情绪行为治疗应用于他们的创伤后应激障碍情形。

来访者努力习得无条件接受自我是非常重要的。治疗师继续向来访者展示无条件接受他人。此外，对逃避型行为进行成本—效益分析，将此作为现实暴露疗法的前奏是十分有用的。有些时候，鼓励技能训练是十分有帮助的——例如，对过于沉默寡言的来访者进行自信心训练。

2011年残酷而悲惨的"9·11"事件，对许多接受个体或者团体治疗的来访者来说是难以处理的。一些亲身见证这些事件的人患有创伤后应激障碍。如果愤怒的美国人和世界公民坚持他们的非理性信念，比如诅咒自己无能为力，诅咒恐怖分子的所作所为，诅咒世界的残酷，美国人将会继续让自己愤怒，继续反对恐怖分子和支持恐怖分子的人，这很可能会助长恐怖分子对美国人和其他反恐分子的愤怒。同样，这会煽动恐怖分子更多的报复，美国人也是一样，诸如此类，等等。历史已经充分说明因爱产生爱，因为仇恨和暴力产生更多的仇恨和暴力。

当有人问我（Albert Ellis）理性情绪行为治疗如何能够帮助人们应对"9·11"悲惨事件时，我会从下面几个方面进行回答：

首先，你可以使用理性情绪行为治疗教导自己和他人无条件接受自己。随着无条件接受自我，你完全接受了自己的缺点和缺陷，然而你会发自内心地讨厌，并尽力改变某些自暴自弃和反社会的行为。

其次，使用理性情绪行为治疗，你会无条件接受其他人，不管他们的行为有多么恶劣，因为他们是凡人，容易犯错误。你可以坚决坚持引导他们改变自我破坏的且不道德的想法、情绪和行为。然而，你努力无条件接受犯过罪的人，但不是接受他们的罪行。

再次，无条件接受你的生活，尽管问题很多，困难重重，教会自己提高挫折承受能力。正如神学家莱茵霍尔德·尼布尔（Reinhold Niebuhr）所说，努力改变你能改变的不幸事情，接受但是并不是喜欢你所不能改变的事情，并有智慧去分辨两者的不同。

如果你充分实现了理性情绪行为治疗中的这三个哲理——也就是，无条件接受自我，无条件接受他人，无条件接受生活，你会因此说服恐怖分子改变他们绝对的、固执的方式吗？未必见得。然而，你能更好地应对恐怖主义，更好地帮助别人应对恐怖主义，并且如果你强烈支持这三个哲理，为世界各地的人做行为模范的话，模范行为可以最终减少恐怖主义。这需要多年时间来实现，也需要你和你的支持者坚持不懈地作出巨大的教育方面的努力，以此为严重的国际国内难题提出和平的、合作的解决方案，而不是激起仇恨的、犹豫不决的方案。然而，如果你没有这样做，你自己的大脑里没有，你也没有帮助他人的大脑树立这个长远的奋斗目标，这样，在未来的几十年里，甚至是几个世纪中必然出现新的恐怖主义。你愿意坚持不懈地为实现理性情绪行为治疗的建议，即和平地对待自己，和平地对待其他人和和平地对待世界而努力吗？如果是这样的话，你可以帮助善良的人们思考恐怖主义和其他严重的世界问题，并帮助他们设计出最终的答案。

家庭、婚姻和人际关系问题

人们在任何关系中，都会对与之交往的人建立信任，并因此产生他们自己的情绪行为困扰。理性情绪行为治疗提醒人们他们只能够改变自己的非理性信念，不能够改变他人的非理性信念，并且有效的理性情绪行为治疗包括教育他们如何选择回应他人，如何可能改变非理性信念系统的重要方面。它指出哪里存在问题，来访者就很可能有不正常的思想、情绪和行为，和他人的不正常思想、情绪、行为紧密地联系在一起。在理性情绪行为治疗的同伴治疗、婚姻治疗和家庭治疗中，讨论了它们之间的联系，以及如何纠正它们的方法。

治疗师将会关注下面几个方面：

1. 帮助个人实现无条件接受自我（Ellis，2005b），无论他们有没有得到相关人员足够的爱或关注，或者尽管他们在同伴或家庭中，没有履行自己的责任；

2. 帮助个人实现无条件接受他人（Ellis，2005b），因此完全接受他人，即使在他们行为不好或者行为疏忽时（这并不意味着接受他们不好的行为，而是要记住并且接受每个人都会犯错误的事实）；

3. 培养高挫折承受能力，因此有关的人员就能够忍受，甚至有时候能够享受人际交往中的一些挑战。

本书中已经介绍的理性情绪行为治疗中的认知、情绪和行为方法已经被应用。治疗师向来访者传授合适的方法，来访者也可以通过持续的方式巩固他们所学的东西，通过参加理性情绪行为治疗工作坊、理性情绪行为治疗讲座和参加理性情绪行为治疗学术研讨会；通过读书、听 CD；通过观看理性情绪行为治疗方面的录像片和 DVD，参加每周一次的理性情绪行为治疗团体治疗。

理性情绪行为治疗可以有效地用于儿童和青少年，当他们的父母自身也应用理性情绪行为治疗时，他们受益最大。换句话说，当他们的父母起带头模范作用时，即他们的父母行为健康、观点健康，因此他们会希望他们的孩子向他们学习，并在日常生活中进行实践。我们已经向许多来访者说明并教会他们成功应用此种疗法，如阿尔伯特·班杜拉（Albert Bandura）（1997）和其他的心理学家（Ellis，2005b）。通过我们多年的实践，我们认为父母亲展示的"照我做的去做"的行为方式，再加上合适的强化和惩罚，比独裁主义者"照我说的去做，不是照我做的去做"方式，要更为实际，也更为成功。

通过学习理性情绪行为治疗的技巧，理性情绪行为治疗被认为是心理学和心理治疗中最能鼓励来访者自立和自强的方法之一（Ellis，2010）。有效的理性情绪行为治疗师竭尽所能激发来访者越来越依赖他们理性情绪行为治疗方面的知识，特别是理性情绪行为治疗的实践和应用。只需要时间、实践和坚持，健康的信念和态度会成为来访者经历中的习惯性部分。

自从 2007 年 7 月我丈夫去世后，现在我（Debbie Joffe Ellis）一个人工作（2010）。我经常跟来访者和演讲中及工作坊里的人们分享自己如何使用理性情绪行为治疗，如何坚持使用这一疗法。尽管在我丈夫活着的最后几年里充满了艰难的挑战及丧夫之痛，他们帮助我继续过着充实富足的生活。我是当理性情绪行为治疗被强有力运用时，效果如何好的一个活生生的例子。

老年来访者

老年人口正在增多，并且那些特别关注他们困扰情绪的老年来访者会得到良好的治疗。

除了他们自身具有自我困扰的人类倾向外，许多老年来访者身体虚弱，有健康问题，这些也促使他们情感脆弱。因为他们中的许多人经历了亲戚和朋友的死亡，他们经历了失落的悲痛，经历了工作的改变、经历了退休、经历了经济顾虑或者是搬家和家庭挑战，与此同时，他们的支持团体也在减少。他们可能会感到不那么有用，受到更多的限制，并感到无聊厌烦。如果和年轻的成年人一样，他们就不会学习如何处理或是改变消极的痛苦情绪，让他们处理这些因素会更为困难。他们中的有些人可能会觉得生活更加无望和虚无。

因为来访者的年龄阶段不同，理性情绪行为治疗师对来访者以及他们特别的问题表达同情。治疗师为他们提供现实的希望，并关注于提高生活质量的可能性，然而治疗师他们并不否认或者无视生活中不能改变的难点。治疗师关注来访者可能会有特别的身体残疾，需要对其作出相应的善意的回应。例如，如果来访者听力不好，治疗师就会提高他或她的音量，用较好的语速说清楚。

年长的来访者普遍存在各种各样的非理性信念，其中包括：

贬低自己的非理性信念

■ "我必须像过去年轻时一样做得很好，否则我就是一个没有能力的人。"

■ "我应该比现在的我看上去要更年轻和更有魅力。"

■ "我不能体质虚弱，不能有缺陷。"

■ "在我的生命中，我应该有更大的成就。"

■ "我不能像现在这样看上去焦虑和憔悴。"

■ "我不能死，也不能被遗忘。"

产生愤怒的非理性信念

■ "别人对我必须要友好公平，特别是因为我年长，以及随年老而带来的局限和缺陷。如果他们不公正对待我，他们就是一群烂人。"

■ "我的亲戚们和朋友们一定不能忽视我，他们对我必须要像我年轻时那样，甚至比那时更好。"

■ "他们对待现在的我应该像对待年轻时的我一样，而且要更好。"

■ "人们不应该因为我的年龄和我的虚弱而歧视我或者看不起我。"

■ "亲戚朋友们应该记住我对他们作出的牺牲，并且对此心存感激，以特殊的方式对待我。"

LFT（低挫折承受力）的非理性信念

■ "我生活的条件必须要像以前一样好，当生活的条件不如以前时，就很糟糕，我承受不了。"

■ "不应该存在特殊的老龄问题和困难，很难生活在这些老龄问题中。"

■ "我需要更多的快乐，我不能有这么多的限制，我需要更多的自由，我需要激情，没有激情，生活无聊至极。"

■ "我需要更多的陪伴和爱，特别是那些我曾经关心过的人。"

■ "我应该像以前那样工作，来填补我的生活，并让生活变得更有趣。"

■ "我应该像以前一样健康，我不应该生病或者是残疾。"

■ "我不应该像现在这样要完全依赖别人。"

■ "我不能死也不应该被剥夺生命。"

■ "我不应该经历现在所经历的一切。"

理性情绪行为治疗师和来访者共同努力帮助来访者接受被剥夺、改变和年老的现实，然而，尽管有这些限制，也为完善他们的生活作出他们能够作出的改变。他们在实际应用中使用理性情绪行为治疗来与不良信念和非理性信念做辩论，询问为什么年老的他们要和年轻时的他们一样做得好甚至要更好，这些根据在哪？他们合理地运用理性情绪行为治疗质问来访者：是否他们总是表现得不好；如果他们有时或经常表现得不好，是否意味着他们的能力欠缺。他们从实际出发，运用理性情绪行为治疗鼓励来访者问问自己，如果他们执意要求他们自己必须要像年轻时一样做得很好，会有怎样的结果？如果他们不能像年轻时那样凡事做得很好，并且认为他们自己是没有价值的人时，又会有怎样的结果？他们形成，并极力使用理性的应对表述，如下：

■ "尽管它不好，但它可能会更糟糕。"

■ "我要为生活中的美好而心存感激。"

■ "尽管我行动不便，尽管我有残疾，但我依然可以享受生活。"

治疗师帮助来访者模仿他们认识的或是他们听说过那些能够克服自身局限性的人们。我（Albert Ellis）的著作《理性情绪行为疗法》《这对我有用，也可以对你有用》（2004）在这方面会有帮助。这本书是在我 90 岁那年接受了紧急手术后的几个月完成的。这本书包括我和黛比关于如何应对的方法、行为的建议，以及对我们年老前和年老时会有帮助的意见。

也会向上了年纪的来访者推荐其他的心理健康教育资料，这些资料可以激励他们更好地处理问题，并改善他们处理问题的方法态度。

理性情绪行为治疗师帮助来访者重新界定他们的问题。治疗师教来访者放松技能和其他有用的分散注意力的技能，并且鼓励他们的来访者积极参与到非常引人注意的兴趣中去。治疗师强调解决问题，为老年来访者提供各种服务信息，以此弥补来访者缺失的家庭支持或社会支持。治疗师教会来访者无条件接受自我，并继续论证无条件接受他人。

正由于理性情绪行为治疗是一种多模式疗法，这种方法强调任何一种适合每一位老年来访者的其他方法，例如，攻击羞愧感训练，理性情绪想象技术，适当的冒险行为和系统脱敏任务，当他们采用新的冒险活动和训练时，使用强化和惩罚手段，技能训练，培养来访者的高挫折忍耐能力，等等。

鼓励并且为老龄的来访者提供帮助别人的机会，理想对于老龄来访者也是健康的活动，可以为他们的生活增添更多的意义。

病态的嫉妒

在结束这一章时，我们简要地看一下理性情绪行为治疗在病态嫉妒方面的应用，但是我们要提醒读者使用理性情绪行为治疗也可以显著地帮助这儿并没有涉及的另外的破坏性情绪，如同这本书之前看到的，从不同的条件进行观察。

非理性或病态的嫉妒主要由强求构成，它不是理性的需要和偏好，而是需要别人一定程度上的关注、喜爱或忠诚。然而，理性情绪行为治疗师再一次鼓励来访者识别出绝对性的需求和追求完美的需求，并且将这些不合理的需求转化成现实的和理性的偏好。一些主要的预防嫉妒的技能有：竭力同非理性信念做抗争，使用合理化的处理表述，重新建构（把这个情景看作成长中的一次挑战，而不是一次灾难性的恐惧），成本效益比率，认知转移，理性情绪想象技术，实现无条件接受自己和无条件接受他人，角色扮演，使用幽默来保持一个健康的心态，强化方法和健康的冒险方法。本书的第3章描述了这些技能。

长程治疗案例

阿瑟，40多岁的美国白人，是一个极具天赋的音乐家，是我的一个来访者，这是一个跟随我有7年多的案例。2年的个体治疗，他也开始加入我和黛比带领的团体治疗。

阿瑟患有强迫性神经官能症，偶尔伴随有惊恐发作、抑郁和其他的症状。他经常暴饮暴食。除了接受理性情绪行为治疗外，他还去看精神病医生，正在接受药物治疗。

每当阿瑟怀疑自己的手受到细菌或污物的污染，他就会一遍一遍地清洗自己的手。这种情况可能每天会发生50多次，他会重复检查烤炉有没有关上，有没有漏天然气。在他表演之前，他会参加一次特别的仪式，在这个仪式上，他会多次弹奏钢琴。他认为如果不这样做，他就不能表演好。他在这些仪式上浪费了大量的时间和精力。如果他认为多次都没有弹正确，他就会感到恐慌，然后他会因为恐慌而惧怕，从而导致他无法进行钢琴演奏。因为他患有强迫性神经官能症及其他的症状，他会极大地自卑。他会因为自己的障碍诅咒自己，说自己怪异、反常和丑陋。他并不肥胖，只是有些超重（可能主要是因为他暴饮暴食，并且缺乏锻炼），他的皮肤看上去苍白暗淡。他确定没有女人会喜欢他，他避免和她们进行社会交往，他很孤独，并且没有社会关系。事实上，尽管他有些圆圆胖胖，但是对大多数人而言，他并不是没有吸引力，有时在他的爵士乐演出后，会有女人接近他。尽管如此，他感到极度害羞，很少和这些女人进行眼神交流，错过了许多将来可能的约会机会。

强迫性神经官能症会呈现出很多种形式，似乎很少是关于某一件事情。它通常开始于一个人的童年或青春期，也许会持续一个人的一生。它可能会伴有严重的神经障碍，包括亨廷顿氏舞蹈、西登哈姆氏舞蹈病、皮克氏病、后脑帕金森症和妥瑞氏综合征。

神经影像学研究倾向于表明大脑的前庭额叶以及前庭额叶到尾叶的神经环路的功能障碍都与原发性强迫神经官能症相关。使用氯丙咪嗪（氯米帕明），氟西汀（百忧解）和其他的血清张力素对强迫性神经官能症的成功治疗往往表明血清张力素神经递质的缺陷往往

与强迫性神经官能症相关。(美国精神医学会，2007)

认知扭曲、非理性强求和对确定性的需求很可能是造成强迫性神经官能症的因素，但是还不确定生理缺陷是否会造成这种"需求"，或当他们发现这些强迫性思维会给他们带来伤害时，这些生理缺陷是否会导致患有强迫性神经官能症的个体中断和放弃这些强迫性"需求"。很可能，与这两方面都相关。

患有强迫性神经官能症的人们，基本上包括所有这些年我们所见过的来访者，也经常会有其他相关的人格障碍，例如，严重的恐慌状态和严重的抑郁症状。他们也许会沉溺于酒精、毒品、尼古丁、过度饮食或者赌博。有一些症状是对强迫性行为产生的困难的反应（比如阿瑟的这个案例），但是也有些症状是随着他们的生理缺陷而来的。

理性情绪行为理论中关于严重人格障碍的因果理论，认为来访者包括强迫性神经官能症来访者，通常有认知、情绪和行为缺失，因此他们会对这些缺失，以及生活中伴随缺失而来的痛苦产生非理性信念或认知扭曲（Ellis，2001b）。因此，比起正常的神经质，在认知上，这些强迫性神经官能症来访者很可能会有学习障碍方面，并关注（或过于关注）缺陷。情绪方面，他们往往会过于活跃。行为方面，他们会有紊乱、拖沓和强迫性的倾向。此外，这些缺失部分是对强迫性神经症作出的反应。然而，这些缺失至少有一部分，很可能是生理障碍。

正如我们所讨论，认知扭曲，或者说所谓的非理性信念，似乎是人类境况的一个部分。具有神经质的人们经常会有认知扭曲，几乎所有的人们都有一些神经过敏。那些强迫性神经官能症患者，和其他的人格障碍患者和精神病患者一样，不仅有常见种类的非理性信念（因为生理原因），他们的认知扭曲会比正常的神经质更为固执和坚定。

另外，神经质的认知扭曲是关于人生中的逆境和不利因素的扭曲（如"我讨厌失败，因此我不能够失败。"），因为强迫性神经官能症本身就是一种缺陷，所有强迫性人格障碍来访者，他们对于障碍会更神经质，他们的神经症最终会加重他们的强迫性观念和行为，也会加重他们生活中的其他问题。

在我（Albert Ellis）50多年与强迫性神经官能症来访者的工作过程中，我发现一些理性情绪行为治疗的方法，特别是系统脱敏疗法或暴露疗法，以及课外活动作业，当来访者坚持并稳定地应用这些治疗方法时，来访者冗长乏味的强迫性思维和强迫性感受通常可以得到减少。

实际检查和症状描述

我让阿瑟列举他的强迫性观念和行为的症状，以及这些强迫性观念和行为的严重性和频率。我也让他列举出经常让他感到恐惧、暴食、冲动行事以及举行仪式的情景。他列出重复的强迫性思维和感受，以及导致他恐惧的强烈欲望，也列出这些强迫性观念和行为的严重程度和干扰强度。他列出如果停止这些仪式他不愿意看到的后果。

行　为

在课后作业中和我们的会面中，阿瑟学习了 ABC 方法，包括和非理性信念做辩论的方法，阿瑟学会了在仪式前同导致他产生恐惧和焦虑的非理性信念做辩论。他的家庭作业就是经常写出每一天当中的 ABCs，并且写出和非理性信念做辩论的有用的新观念。我们也会使用 ABC 方法消除他的继发性症状（如对恐惧的恐惧，对焦虑的焦虑）。当他在咨询过程中透露自己没有完成上一次咨询布置的家庭作业时，他会探讨理由，找出其中的非理性信念，并同这些非理性信念做辩论。

有些非理性信念如下："太难了，做家庭作业让我受不了，我是永远都不可能改变的。""我没有必要坚持做这个家庭作业。""家庭作业不应该这么难。""如果到目前为止，我还看不到好的效果，这就证明我已经毫无希望了，注定要永远遭受这种境况，又何必自寻烦恼呢？"

在同这些非理性信念辩论后，阿瑟想出了健康的、现实的信念和看法。他通常会感到重新受到了激发，在后来的家庭作业中完成得更好。

当他不做家庭作业，感到再度反复时，我就会提醒他反复是正常的。重要的事情就是接受事实，接受人类有复发的倾向，并重新拾起家庭作业，再次努力。

阿瑟做的另外一个作业练习是分别写出继续仪式和停止仪式的成本效益分析。很明确停止仪式后的效益要远远高于举行仪式所带来的短期缓解压力的效益。

只有在一些特定的时间里，指定他安排一些强迫性行为和仪式，只限于他在有限的时间内考虑其他时间段表演的其他的日常活动。经过一段时间，鼓励阿瑟减少仪式分配的时间，后来他的反复越来越少，他的手中拿着一张他记下的分散注意力的行动的清单，这些活动可以中断或延迟他的强迫性行为，例如，极力重复健康的应因表述，在他的日志里写音乐或歌词，在钢琴旁边玩（和严肃的排练活动相反，自主地且不追求完美），阅读、瑜伽、沉思、呼吸技能，等等。

鼓励阿瑟去做他害怕的事情，减少他的恐惧，经过一段时间后，消除他的恐惧。关于阿瑟的害羞，给他布置了家庭作业，让他每隔一天和一个陌生人打招呼，经过几周之后，要求他做得更多，慢慢地有意识地要求阿瑟和陌生人打招呼时有眼光的接触。

做了几个月的家庭作业后，要求阿瑟演出后和接近他的女性说话，即便只是几分钟，而不要去回避他们。经过一段时间，随着他羞怯减少，允许他在不同的时候邀请一些他觉得很舒服的女性一起喝咖啡或者其他类型的约会。和女人一次这样的约会后来变成愉快的更长久的约会和友谊。

　　经过几年的个体治疗后，阿瑟愿意加入团体治疗，继续强迫他面对他的羞怯，强迫他和其他人做交流。关于克服阿瑟的羞怯心理和其他问题方面，这些方法证明是有益的。关于暴饮暴食，我们鼓励阿瑟扔掉家里大部分不健康的垃圾食品，并用健康的食品代替。

　　随着时间的推移，我们运用了各种各样的理性情绪行为治疗和行动，出现的具体问题得到了关注。阿瑟在极大程度上致力于解决这些问题，并且他经常运用某种理性情绪行为治疗，例如，通过辩论来实现无条件接受自我，特别是在他懈怠的时候。

　　不幸的是，许多强迫性神经官能症来访者没有持续不断地坚持这项稳定的工作。许多人发现减少他们的功能性失调的行为极为困难，如果他们做到了，他们也很容易回到原来的生活习惯或产生一组新习惯。有些人生活中缺乏组织，再加上他们旷日持久的强迫意念，导致他们没有遵循或者只是部分地遵循理性情绪行为治疗中的认知、情绪和行为方法。可是，一部分患有强迫性神经官能症的来访者，通过努力得到了明显的改善，并且通过定期使用理性情绪行为治疗，辅助药物治疗，成功地减少了他们的强迫性思维和行为。

　　阿瑟确实得到了明显地改变，并举行越来越少的仪式，克服了许多羞怯心理，普遍避免了继发性症状（对于恐惧的恐惧），最为重要的是，他做到了无条件接受自我。然而，进步需要时间，在他努力坚持使用理性情绪行为治疗时，他很多次懈怠，不完成家庭作业，沉溺于坏习惯和惯例。作为他的治疗师，我会确保在他反反复复时不要对他沮丧，只是对他的行为感到沮丧。我向他示范并做出无条件接受他人的榜样是很重要的。阿瑟同时参加个体治疗和团体治疗对他也很有帮助。个体治疗比团体治疗更有可能让我们有足够的时间关注他的问题，而在团体治疗中，他的团体队员给他建议、给他支持，强化他的行为，让他有更多的时间致力于解决他的问题。反之，阿瑟也有机会倾听其他人的困难，也会给他们提供他的建议和支持。

还有哪些因素有助于阿瑟取得进步呢？

1. 心理健康教育：在治疗过程中，我们教授阿瑟理性情绪行为治疗的原理，鼓励他参加星期五夜晚的工作坊——普通的理性情绪行为工作坊和讲座。推荐他阅读某些书籍，包括《自尊的奥秘》（艾利斯，2005b）；《感觉更好、越来越好、保持更好》（艾利斯，2001a）；《理性生活指导》（艾利斯 & 哈珀，1961，1975，1997）。

2. 我们也和他讨论强迫性神经症，让他对这一情况有更多具体的、客观的理解。他的一项作业是对强迫症神经症作进一步研究。

3. 我告诉他如果他坚持不懈地努力，致力于作出改进，就一定可以提高他的生活质量，减少他的强迫性症状。

4. 我们提醒他强迫性神经症有很强的生物倾向和内在倾向，作出改变很难，也许他不能够完全克服这种境况，但是持续不断的努力，可以将其最小化。

5. 我们提醒他不管他做得好还是不好，他都是一个有价值的人，仅仅因为他还活着。他的一些倾向也许不好，但是他很好。

使用理性情绪行为治疗的障碍或问题

尽管大多数情况下，我们认为对于大多数存在障碍的人而言，理性情绪行为治疗是一种最好的最有效的方法（也许存在一些主观上的偏见），研究确实支持理性情绪行为治疗的功效，但是这种方法并不总是对所有的人都起作用（正如其他的治疗）。有很多因素造成使用理性情绪行为治疗不成功，存在障碍和问题。

例如，人类与生俱来有生物倾向，后来这些倾向在他们的教育中，因为环境因素和文化因素得到了增强，想法歪曲、不理性，结果是对新观念和方法产生抵触。另外，有些来访者之前使用过心理分析或其他形式的治疗方法，也许会抵制理性情绪行为治疗的积极指导本质。这些来访者想一直关注他们的过去，像他们在过去的治疗中经常做的一样，他们阻抗理性情绪行为治疗师试图把焦点拉到现在、此时此刻时，拒绝在识别他们在造成情绪困扰时担负的责任，不愿意做些什么让他们自己不受到干扰。

具有学习障碍的来访者不能够理解理性情绪行为治疗的原理和方法，因此不能期待这些来访者使用理性情绪行为治疗，甚至不能指望这些来访者使用部分理性情绪行为治疗方法。具有严重生理障碍和生理不平衡的个体，患有多种多样的精神病，有些人脱离现实，重度躁狂、妄想、严重自闭或者是弱智，通常仅仅使用理性情绪行为治疗不起作用，通常需要药物治疗。有些来访者需要监护或机构护理。有些患有精神疾病的个体，当他们接受了适当的药物治疗后，接触现实后体验很舒适，在接受药物治疗外，他们能够从使用理性情绪行为治疗的过程中体验到好处。在这些案例中，我们建议"两者一都"，而不是"或者一或者"。

如前文所说，理性情绪行为治疗对于单一主要症状的来访者和智商一般，及智力高于平均水平的来访者极为有效。具有重度症状的来访者（如严重抑郁）往往很少努力改变造成他们情绪现状的错误思想。坚持、耐心以及来自治疗师的有力提醒，提醒来访者努力带来的好处，并提醒他们不努力带来的危害，这些都可以激发某些来访者。具有严重困扰的来访者天生倾向于错误的思维和僵化的思维，缺乏灵活性将会阻碍或阻止健康的改变。具有强烈防御能力的来访者可能认识不到他们潜在的问题，通常他们不去感受这些问题。尽管有些时候理性情绪行为治疗可以治愈这些来访者，但是有些时候，这种积极指导的方法不能够成功剔除他们的惯性思维模式，从而使他们最终认识并致力于解决他们的问题和难题。

期待神奇疗效，并认为改进很容易的个体不大可能作出能够发生实质性改变所需的努力；动机不明确的来访者和反应迟钝的来访者经常避免参与可以帮助改变他们的家庭作业和行动（他们感到是被逼迫来接受治疗的，理由各种各样，如他们的父母或生活中的伴侣给他们施加压力，或有些来访者是因为法庭制裁的原因来接受治疗）。幸运的是，当治疗师在帮助他们的过程中，极力坚持他们完成家庭作业并且给他们鼓励，有些来访者就会放弃他们的阻抗。

具有低挫折忍耐力的个体，他们想要或强烈要求即时的满足，他们不愿意为了长远的幸福和满足而延迟短期的满足、喜悦，他们通常不会为了健康的改变而做出努力。他们也许不愿意完成理性情绪行为治疗布置的家庭作业，也不愿意付出必须的努力。具有僵化议程的来访者，和不愿意自身作出改变的来访者（不愿意通过理性的思维和行为方式建立起健康的情绪，从而取代不健康的情绪），以及那些仅仅寄希望于治疗师解决自己问题的来访者（例如，希望治疗师可以帮助他们让他们的伴侣离开他们，将另外一个人带到他们身边），关于自我努力和自我负责，他们很少接受治疗师的指导。具有自大或自恋特性的个体在很大程度上，特别是当这些反馈和他们的观点相矛盾时，不愿意接受任何的关于他们自我挫败行为的真实的反馈。

来访者注意力不集中、缺乏责任感、健忘、断断续续将会限制来访者健康成长和改变的潜力。身体疾病、睡眠剥夺、悲痛损失、营养不良和疲惫不堪会让来访者更加不能关注并改变功能性缺失的思维、情绪和行为。同样的，如果治疗师对来访者不采用理性情绪行为治疗的方法或者治疗师不能扮演好他们的角色，也会阻碍来访者的发展潜能（例如，如果治疗师自身挫折忍耐力较低，不能接受来访者取得进步的速度，不能无条件接纳他人，不耐烦或者是指责来访者，而不是指责来访者欠缺的行为）。影响治疗结果的其他因素包括治疗师在咨询过程中注意力不集中，在帮助来访者时，不知何故没能表达出想要帮助来访者的真实意愿，更为糟糕的是，治疗师鼓励来访者需要认同的需要，或者表达出他们需要来自来访者的认同。治疗师说得太多，没有足够的倾听，或者没有根据眼前的来访者调整他们的行为方式，这些都会造成不太成功的结果。具有以上行为模式的治疗师们能够无条件接纳他们的缺陷但是不接受他们的有害行为，这更有利于促使他们改变无益的行为。

理性情绪行为治疗师认真考虑，并为他们的来访者选择和推荐一种明智的理性情绪行为治疗方法甚为重要。比如，对于一个来访者，合理情景想象技术不起作用。梅雷迪斯是一个边缘性人格障碍来访者，在生活中，她基本上对每一个人发怒，如她的父母（事实上，他们极为有耐心、有爱心，对她也很支持），她的老板，并且经常对布什总统发火。在合理情绪想象技术的训练中，她想象她对父母给她买的一个她不喜欢的生日礼物而发怒。她没有做接下来的训练，这个训练是引诱她把她的愤怒转变成健康的消极情感，如悲伤或失望或挫折，她的愤怒进一步升级，在接下来的两个月里，她一直对她的父母亲生气。

合理情绪想象——棒极了的方法！对梅雷迪斯却不适合。

总结这一章节，我们提醒读者理性情绪行为治疗对患有各种问题的来访者都有良好的疗效。治疗师的技术、专注以及恰当地运用理性情绪行为治疗都可以提高这一过程，我们希望治疗师不仅对来访者实践理性情绪行为治疗也可以在自身实践理性情绪行为治疗。

5 评价

CHAPTER FIVE

　　尽管理性情绪行为治疗（REBT）是 20 世纪具有开创性的认知行为治疗（CBT），很少有关于认知理论（A.T.Beck，Rush，Shaw & Emery，1979）和关于认知行为理论（Barlow，Esler & Vitali，1998；Meichenbaum，1977）水准方面的成果研究。原因有如下几点：阿尔伯特·艾利斯研究所主要是培训治疗师的机构，而不是一个学术研究机构。大多数学员专注于拓展他们的临床专业技能，开展实践活动，其次兴趣才放在科研上，因为该机构只为毕业学员颁发证书，而不是学位，所以不可能激发大多数学员为了硕士或博士或者社会工作而在心理学方面深入做科研。另外，做好科研的成本很高，让该机构赞助科研非常昂贵。一些致力于做广泛科研的工作人员没有能够坚持到底。另外一个原因是理性情绪行为治疗理论运用于大多数情绪困扰，而不是独特的情绪困扰。公开发表的研究通常关注情绪困扰的特定方面，例如，抑郁、焦虑或愤怒；因此我们坚持认为应用于大量情绪困扰的相同的基本理念可能导致很少有研究将理性情绪行为治疗应用于特定的情绪困扰。理性情绪行为治疗喜欢大量使用认知、情绪和行为技能，例如，本书前面章节所涉及的技能，这可能是阻碍对该治疗方法进行科研的另外一个方面。理性情绪行为治疗中所涉及的认知行为技能和其他认知—行为系统中的认知行为方法差异很少。因此，很难测定理性情绪行为治疗中各种技能的相对有效性。

　　理性情绪行为治疗在 2005 年巴特勒 (Butler)、查普曼 (Chapman)、福尔曼 (Forman) 和贝克 (Beck) 进行的元分析全面调查中找到了支撑，这项调查为认知行为疗法在各种临床应用中提供了实证验证。巴特勒及其他人证明认知行为疗法在单相抑郁、广泛性焦虑障碍、广场恐惧症型惊恐障碍、非广场恐惧型惊恐障碍、社交恐惧症、创伤性应激障碍、儿童抑郁症和焦虑症的治疗过程中非常有效。

许许多多的调查研究已经证实了理性情绪行为治疗中主要的理论假设（Ellis & Whiteley，1979）。此外，因为许多理性情绪行为治疗技能在认知行为治疗中都能找到，当然它也能从认知行为疗法的实证研究中找到验证。特别是阿伦·T.贝克和他的助理们支持了理性情绪行为治疗的临床假设（Alford & Beck，1997）。1 000多项研究表明，非理性标准来源于艾利斯列举的非理性信念，与疾病诊断明显相关，在疾病诊断中，这些标准得到了检测（Hollon & Beck，1994；Woods，1992）。理性情绪行为治疗是具有开创意义的认知行为疗法。贝克的认知行为疗法和珍尼特（Janet）（1898）、杜布瓦（Dubois）（1907）和阿德勒（Adler）（1929）的早期认知治疗方法、存在人本以及行为治疗有显著的共同点。如同阿诺德·拉扎勒斯（Arnold Lazaruss's）（1989）的多元模式治疗，理性情绪行为治疗也是一种独特的折中和整合的治疗方法。认知行为疗法和理性情绪行为治疗已经共经历了2 000多项成果研究，绝大多数研究已经证明当来访者出现非理性信念和功能性障碍信念时，理性情绪行为治疗比其他形式的治疗方法更为有效。治疗师向来访者传授理性情绪行为治疗方法，用此种方法来改变他们，研究显示来访者往往会变得不那么神经质，较少地受到严重人格障碍的困扰（Hollon &

Beck，1994；Lyons & Woods，1991；McGovern & Silverman，1984；Meichenbaum，1977；Silverman，McGovern，1992）。理性情绪行为治疗比其他派别的认知行为疗法有更多的哲学取向，如涉及哲学取向核心的方法，这种方法关注于改变一个人对生活和要求的根本理念，而不仅仅是改变症状。恩格斯·加尼弗斯蒂（Engels Garnefski）和迪科斯彻（Didestra）（1993）和莱昂斯（Lyons）以及伍兹（Wods）（1991）在原分析研究中评价了该疗法的功效。布洛（Blau）、福勒（Fuller）还有瓦卡洛（Vacarro）（2006）发现理性情绪行为治疗中的主要哲学论争和科斯塔（Costa）和麦克雷（McCrae）的全面人格模式有很强的联系（1992a，1992b）。

　　对于大多数抑郁症，使用理性情绪行为治疗，再结合药物治疗比单独使用药物治疗要更为有效（Macaskill & Macaskill，1996）。对于恶劣心境障碍也同样更为有效（Wang，Jia，Fang，Zhu & Huang，1999）。理性情绪行为治疗也是精神分裂症住院来访者有效的辅助治疗（Shelley，Battaglia，Lucely，Ellis & Opler，2001）。也有研究表明在治疗强迫症、社交恐惧症和社会焦虑的过程中，理性情绪行为治疗在控制情况方面显示出优越性（Dryden & David，2008）。鲍考姆和艾普斯坦（Baucom & Epstein，1990）总结说：许多调查研究发现理性情绪行为治疗和认知行为疗法在家庭关系的治疗中也十分有效；海耶斯，雅各布森(Jacobson)，福莱特(Follette)，还有道格（Dougher，1994）和雅各布森（1992）。福奇尔和基利（Faucher & Kiely，1955）做的一个独特的研究倾向于表明理性情绪行为治疗在老年来访者的治疗过程中极为有用。

在马丁·塞里格曼（Martin Seligman）和迈阿里·基科赞米哈维（Mihaly Csikszentmihalyi）编辑的关于积极心理学的《美国心理学家》2000 年 1 月份特刊的 15 篇文章中，许多出色的心理学家和研究人员回顾研究，来表明哪些因素可能会对积极心理学作出巨大的贡献，并且将认知——情绪——行为功能障碍减少到最小。我们很高兴发现人类幸福心理学的权威们在很大程度上赞同理性情绪行为治疗关于自我困扰方面的主要治疗理念。

目前，没有研究发表关于理性情绪行为治疗的基本宗旨：大部分人们困扰自己都是因为从绝对性应该和必须的角度考虑问题。我们热切地希望专家团结起来迅速进行这方面的研究。我们希望做出更多的成果研究，尤其是在如焦虑、抑郁、愤怒、成瘾和关系问题等特别领域。我们希望专家调查研究理性情绪行为治疗的核心内容相对于一般的认知行为疗法和其他治疗系统的相对有效性。我们希望研究检测几个主要的认知、情绪和行为技能之间是否和我们猜测的一样彼此之间相互支持——或者有些技能相对而言没有效用。我们鼓励对理性情绪行为治疗作为一种自助方法的效用性能进行研究。

因为在过去的 50 年里，我许多自助方面的著作广受欢迎，而这部分原因是由于治疗师向他们的来访者推荐我的作品，并不公正地认为我的书比较容易和肤浅，从而一些专业学者和"科学"专业人士对我的作品产生偏见，并且不愿意对此做出研究，这是非常可笑的。阿尔弗雷德·阿德勒（1931），为公众而不是为专业创作出的许多主要作品也遭遇类似的忽视。

当有大量的研究对理性情绪行为治疗的效用进行调研，我们有信心它们将会证实我们工作中的临床观察结果——理性情绪行为治疗的有效性、高雅和疗效。

具体问题和来访者群体：理性情绪行为治疗的有效性和无效性

正如前面一章提到的，当把理性情绪行为治疗运用于聪明人身上时，这种疗法最为有效，这些人积极追求改变，他们愿意接受理性情绪行为治疗中人本主义哲学和提高生活质量的哲学，为了得到稳定持续的改变，他们愿意做出所需要的坚持不懈的努力。

理性情绪行为治疗通常对于患有严重学习障碍的个体，患有严重精神病致使与现实脱节的个体，对于表现出阻抗的个体、懒惰的个体和挫折承受能力低的个体，以及要求不费事做出改变的个体（如奇怪的想法），自恋、思维僵化教条和患有轻度躁狂倾向的个体没有效用。

如何针对各种各样的来访者运用理性情绪行为治疗？

理性情绪行为治疗对于来自多种不同文化和宗教的个体（Nielsen，Johnson & Ellis，2001）和学生（Seligman，Revich，Jaycox & Gillham，1995）取得了良好的效果。这种疗法关注习俗、语言以及外国文化和多种宗教明确相信的禁忌，这种疗法会尽可能支持来访者提高生活质量的目标——并且帮助他们实现自己的目标——在来访者文化和宗教的背景下，而不试图改变他们生活的方方面面。

许多来自不同文化背景的来访者是偏见的受害者，并且有一些来访者遭受过周围有偏见、顽固人士的迫害。结果是，有的人变得抑郁，感到没有希望，然而，还有人对世界的不公正和迫害者的卑鄙行径义愤填膺。理性情绪行为治疗鼓励这种来访者接受生活经常是不公平的现实，去改变能够改变的，如果可以的话，帮助来访者认识到抑郁或愤怒并不能帮他们解决情况只能伤害他们，帮助来访者识别造成他们情绪低落的具体的非理性信念，并且帮助他们经常和这些非理性信念极力进行辩驳。需要坚持不懈的努力，特别是要有效实现无条件接纳自我、无条件接纳他人和无条件接受生活。

当针对来自不同文化背景的来访者使用理性情绪行为治疗时，高明的治疗师，在适当的时候通常会根据来访者以最舒适的方式来调整他们的方式方法、声音和语言。治疗师向来访者讲述案例很有效，在可能的情况下，治疗师要在来访者的文化背景下，以来访者能够理解的方式讲述。这一点甚为重要，特别是当来访者的第一句话和治疗师的语言不同时，如果治疗师有任何疑惑，治疗师要检查来访者有没有领会所谈的内容，耐心地对理性情绪行为治疗进行详细解释。

由于基本常识、人本主义和理性情绪行为治疗的讲究实际的本质，我们发现这种疗法和许多科学文化的理念有很多共同的方面，因此也许可以比较容易理解和运用。在许多社会文化中，理性情绪行为治疗中的观念都能够被理解（如个人利益、社会利益、容忍、接纳自我、接纳他人、接纳生活、接受歧义、接纳现实、责任、健康的冒险、合理性、灵活性和科学思考等）。在我们多年的临床实践中，我们观察到，只要理性情绪行为治疗得到了正确的理解和应用，此方法对来自不同背景的来访者均有疗效。我们强烈地并热切地邀请从事研究领域的读者对本章前半部分所推荐的领域做些调研，对已做的研究进行补充，并进行更多的研究来论证和证实理性情绪行为治疗的巨大功效和疗效，这是我们，还有无数的其他从业者和来访者经过多年来观察和体验到的。

6 未来发展

CHAPTER SIX

我们认为在未来，心理学和心理疗法会高度整合，但是大部分主要由理性情绪行为治疗和认知行为疗法的理论和实践组成。

如果理性情绪行为治疗能够取得其应有的评价，即理性情绪行为治疗是认知行为疗法的最初形态，并没有因为理性情绪行为治疗的独特特征被忽视而将其纳入认知行为疗法，这将更为可取。

我们认为理性情绪行为治疗除了在个体治疗和团体治疗中具有持续的有效性外，将会有越来越多的心理健康教育和大众媒体介绍此种疗法，通过这些途径，在过去的60年里，我们已经向不可估量的数百万人介绍了这一疗法。我们将会继续开展工作坊、讲座和学术讨论会。来自网络广播、收音电台和电视上的访谈节目和专题报告节目，将会告知人们理性情绪行为治疗同生活中各个方面的关联及应用。理性情绪行为治疗文献，CD和DVD也有同样的功能。通过自助材料，理性情绪行为治疗也可以极大地帮助那些不去选择接受治疗的公众人员。使用理性情绪行为治疗的自助团体已经存在，并且将会增多。在整个美国，针对成瘾问题的SMART（自我管理和恢复训练）定期举行会议，在这些会议中采用并传授理性情绪行为治疗，于是这一方法逐渐流行开来。在工作坊中，压力管理训练也采纳了理性情绪行为治疗，在组织机构、临床诊所也广受欢迎。我们认为理性情绪行为治疗将来会更加流行。

我们和许多从中得益的人们，对理性情绪行为治疗最大的愿望是通过每一个层次的常规教育传授这一疗法，从学前班到高中，再到大学和研究生。年轻人接受情感教育的价值，特别是在今天，在这个年龄，是非常巨大的。这已经通过继续教育计划在某些学校和大学开始了。希望今后还可以蓬勃发展。心理学和心理疗法的未来可能在于对情感教育改进方法的发展和普及上——特别是关于理性情绪教育，或者是我们现在经常所提到的理性情绪行为教育（Rational Emotive Behavior Education，REBE）。当前朱利奥·博特劳森（Giulio Bortolozzo）和我正在澳大利亚做关于理性情绪行为治疗的演讲，在美国和其他国家，我和其他的学者做了更多的关于理性情绪行为治疗的演讲。学校里恃强欺弱的行为似乎是一个始终存在的问题。当老师和家长们将理性情绪行为治疗应用于欺负的同学和被欺负的同学身上时，这种恃强凌弱的现象可以得到减少。朱利奥·博特劳森和肯恩·瑞格比（Ken Rigby）正在南澳大利亚进行该方面的研究工作。

我们鼓励不赞同理性情绪行为治疗的治疗师将理性情绪行为治疗的某些方面纳入他们的工作中。在过去的几十年里，许多非理性情绪行为治疗师写信给我们表达他们对理性情绪行为治疗中的某些认知、情绪或行为技能的欣赏，告诉我们这些方法如何在同来访者咨询的过程中提高效率。2010 年 6 月，在明尼阿波利斯市（Minneapolis）／圣保罗（St. Paul）举办的北美阿德勒心理学年会上，我（Debbie Joffe Ellis）做了一个题为"亲爱的阿德勒学派的人：在你们的生活中添加一些理性情绪行为治疗吧！"的发言，许多参加者报道称某些理性情绪行为治疗的具体技能与他们的临床手段不冲突，并且热切地表示他们愿意使用理性情绪行为治疗。

　　在过去的 30 年里，人们越来越关注身体——心灵的联系，在现今更为如此。多年来，理性情绪行为治疗提醒人们当我们经历并怀有不健康的情绪，如愤怒、抑郁和焦虑时对身体健康造成的破坏性影响。我们希望会有更多的研究来证明我们作者一次又一次体验和目睹的事实：实践理性情绪行为治疗的个体生活质量和健康水平得到提高的结果，这些个体在使用理性情绪行为治疗的过程中，身体健康得到了改善，精力更为充沛，更有活力，另外具有更健康的情绪状态。

　　理性情绪行为治疗将会继续介绍给商业团体。在"沙龙"里鼓励关于当代问题和当代视角的对话，这些地方有关于整合性研究的国际中心、宗教论坛和其他这种公众集会。如前所述，理性情绪行为治疗对社会上的所有人都有用；对卫生专家、卫生从业者以及他们的来访者同样有用。我们希望，现在和将来，这种疗法会介绍给更多的各种各样的团体和人群，因为该疗法对所有参加者都起效用。

　　遗憾的是，我们生活在战争的年代，许多参战人员和战争中的幸存者均患有创伤后应激障碍（PTSD）。我（Albert Ellis）曾经写过针对患有创伤后应激障碍来访者采用理性情绪行为治疗的书籍（Ellis，2001b）。通过学习和使用理性情绪行为治疗，服役人员和他们的家庭可以得到极大的帮助。克里普纳（Krippner）和保尔森（Paulson）写过关于这方面的书籍（Krippner & Paulson，2007），而且有人在写作中认为"认知—行为"手段是治疗创伤后应激障碍最有效的治疗方法（Friedman，1994）。

　　《国家心理学家》（Gill，2010）报道说美国军队准备要求士兵接受积极心理学和情绪复原力方面的培训。尽管这些疗法中已经包括了一些理性情绪行为治疗的原理，我们仍然希望人们会更多地关注这一疗法，并且在个体参与的过程中有定期的追踪来检查他们是否取得进步。我们也希望战士们的伴侣和家庭会为他们提供支持和帮助。

　　我们认为当理性情绪行为治疗被全面地论述并被发挥得淋漓尽致时，更多的人会变得越来越好——而不仅仅是感觉更好。因此，更多的来访者会减少他们的困扰情绪和行为，并用健康的情绪和行为代替，从而深刻地改变他们内在的非功能性理念，把这些非功能性理念转变成理性的和慈悲的理念。加强实践和论证，结合更多的扎实的成果研究，会减少理性情绪行为治疗的边缘化，并有利于其进一步发展和推广。

　　当这一切都发生时，理性情绪行为治疗很可能会彻底改变21世纪的心理治疗，如同在20世纪对心理治疗作出的第一次改革。

7　总　结

CHAPTER　SEVEN

　　理性情绪行为治疗让相当多的人向好的方向得到了转变，并且很可能以后会有越来越多的人得到好的转变。

　　理性情绪行为治疗是一种具有开创性意义的认知疗法，在理性情绪行为治疗产生的十年里，又出现了其他形式的认知疗法和认知行为疗法，这些疗法也吸纳了理性情绪行为治疗中的主要方法。这些包括乔治·凯利（George）（1955）首创的个体建构疗法，阿伦·贝克的认知疗法（1976），马克西·C. 莫兹比（Maxie C. Maulstruct）的理性行为疗法（1984），威廉·格拉瑟（William Glasser's）（1965）的现实疗法，阿诺德·拉扎勒斯的多模式疗法（1989），唐纳德·梅肯鲍姆（Donald Meichenbaum's）的认知行为改变疗法（1977）和迈克尔·马奥尼（Michael Mahoney's）的认知疗法（1991）。斯蒂芬·海耶斯（Stephen Hayes）的接受与实现疗法中（Hayes，Strosahl & Wilson，1999），无条件接纳自我、无条件接纳他人和无条件接受生活这几个重要的方面得到了认同。理性情绪行为治疗被收入很多自助书籍和自助方法中，并且在20世纪40年代，狂热的"自我意识"团体和疗法也吸纳了理性情绪行为治疗，到21世纪依然如此。使用过理性情绪行为治疗的人能感受到它的好处——当他们意识到他们在自暴自弃的方式思维、行为和感受时立即采取行动。人们通过个体治疗、团体治疗、培训、工作坊、讲座、演讲、高中和大学的课程、学术讨论会、支持团体、书籍、磁带、CD、DVD、发表的文章、采访和收音电台和电视上的故事、使用过理性情绪行为疗法并从中获益的人的口头宣传等接触到理性情绪行为治疗的原理和实践。在美国和世界上的其他国家，我们既向专业团体也向普通大众介绍理性情绪行为治疗。

　　理性情绪行为治疗吸引了很多人，是因为该疗法在创建健康改变过程中的有效性，因为这种疗法并不复杂，对于大多数积极的个体而言，该疗法实际且容易掌握，也不会让来访者对治疗师或理性情绪行为治疗的老师产生依赖（事实上，在需要的时候主动打消他们的依赖念头）。通过这种方法，理性情绪行为治疗提醒来访者要对他们自己的行为、思想和感受负责，从而控制他们自己的情绪。

　　理性情绪行为治疗与其他的认知疗法与众不同，是因为该方法强调哲学，特别强调无条件接纳自我、无条件接纳他人和无条件接纳生活的重要性，以及必须和应该做辩论的重要性。从本质上看，这种疗法不仅实用而且富有同情心，两者一都，而不是或者一或者。这是一个整体方法。该疗法有一种观点认为如果越来越多的个体情绪健康、心理健康并且行为健康，就会有越来越多的社会、文化和国家从中受益。从而，这种疗法可以减少并防止暴力和恐怖主义。最终，这种疗法可以预防人类滥用权力、战争、谋杀、忽视和践踏其他形式的生命、破坏自然环境，防止人们走上自我毁灭的一些负性道路。

　　理性情绪行为治疗包括许多主要的原理。这种疗法坚信人类既受到生理的影响，也受到环境的影响，而我们天生就有能力扭曲思考和理性思考。带有这种意识——思考着我们的思考——我们可以选择我们以哪种方式思考、感受和行为，并且我们的情绪和行为在很大程度上是由我们如何认识我们自己、他人和周围的世界决定的。

当我们以理性的和现实的方式进行思考，我们就建立了健康和合适的情绪，并以此指导我们的行为。当我们以非理性的、僵化的和强迫性的方式进行思考，就会产生不健康的消极情绪和行为结果。通过现实地、合乎逻辑地和务实地同非理性心理进行辩论，我们会建立理性信念和有效用的新理念，来代替原有的非理性信念，并且最终通过健康且富有成效的方式进行感受和行为。

理性情绪行为治疗不断地提醒我们保持一种健康的，可以提高生活质量的方式进行思考、感受和行为，这需要不断的和坚持不懈的努力。在治疗的过程中，我们给来访者布置认知、情绪和行为方面的家庭作业，并且对其进行跟踪，而没有接受治疗的人们也可以为自己布置类似的家庭作业。这些家庭作业通常包括实践理性情绪行为治疗中的 ABC 理论，通过书面形式，识别以下各方面的具体内容：

A= 诱发事件

B= 信念或信念系统（IB 指非理性信念；RB 指理性信念）

C= 结果（情绪结果，行为结果）

然后极力地：

D= 同非理性信念进行辩论并提出

E= 有效的新信念

可以进一步使用的合适的理性情绪行为治疗的技能包括承认并且治疗任何的继发性症状；做成本——效益比率家庭作业；使用

分散注意力的方法，如瑜伽、冥想和呼吸训练；树立榜样的方法；使用具有教育意义和加强的资料，如书籍（阅读疗法）、磁带、CD、DVD 等；使用合理情绪想象技术；做攻击羞愧的训练；角色扮演和反向角色扮演；制作关于辩驳的磁带，并且定期反复聆听；培养无条件接纳自我、无条件接纳他人和无条件接纳生活；培养高挫折承受能力；使用强化和惩罚方法；做恰当技能训练；做好反复情况的预防。

　　理性情绪行为治疗推荐大量使用幽默。这可以帮助人们正确地看待事物。当来访者对待自己、他人和生活事件和生活环境太认真时，可以预防此时来访者发生的自暴自弃行为。由于缺乏幽默，没有健康的视角，许多人会很容易把事情灾难化并往坏处想。

　　理性情绪行为治疗建议人们勤奋，并且不屈服于"应该的专横"和"固执"，通过同这些绝对化要求进行辩驳，进行重新思考。我们应该找出并同其进行辩驳的三个必须主要有：

　　1."我必须要做好，必须要得到别人的爱戴和认可。"

　　2."别人必须要对我公平友好。"

　　3."我居住的环境和世界必须要舒适、让我满意，要为我提供我生活中想要的一切。"

　　理性情绪行为治疗建议人们根据一种明智的利己主义行事。我们建议的主要部分，除了前面已经提过的，最主要就是要对我们选择的周围人有独特的见解。有时，人们的选择极为有限，例如，在他们的生活中他们有永远都"踢出去"的家庭成员，或者有摆脱不了的同事和领导，尽管这些人不好打交道，他们仍然忍受同他们一起工作。在这种情况下，理性情绪行为治疗建议大家采取一种容忍的态度，并致力于培养高挫折承受能力。理性情绪行为治疗建议接受这种挑战，使用因应表述如，"我可以忍受我不喜欢的事物""尽管我不喜欢当前的某些人，我仍然可以享受生活"。

然而，当存在选择的可能性时，我们力劝人们在生活中明智地选择周边的人，选择那些值得信赖的人，生活的理念和行为具有道德的人，和我们志同道合的人，友善的人。无条件接纳他人——这一点，在此之前我们已经提过，是理性情绪行为治疗中一个重要的理念——这并不意味着允许你身边有对你产生伤害行为的人。通过无条件接纳他们，承认他们是容易犯错的凡人，承认他们虽然行为恶劣但并不代表他们是个十足的坏蛋，你防止自己被激怒，防止自己受到痛苦。你甚至会对他们产生怜悯之情。这时，你对他们就不可能会以自我毁灭的方式行事。因为你保持头脑清醒，情绪稳定。然而，这并不意味着你不去做自己可以做到的事情来阻止他们做出的任何不正确行为，或者是允许他们一直停留在你的生活中。

需要洞察力、洞察力、更多的洞察力。

理性情绪行为治疗建议人们参与健康的事业和兴趣，鼓励人们参与各种活动，欣赏创造性的表达和追求。当生活在一个社会群体中，有社会利益也是一件好事情，正如阿尔弗雷德·阿德勒所说（1929），要关心别人，爱护别人，要热衷于环保事业。

生命是短暂的。

时光如梭。

理性情绪行为治疗鼓励我们所有人学会接纳生活，尽管生活中充满了痛苦和挑战，当你接受并且实践理性情绪行为治疗的主要原理和技能时，生活也可以是一种快乐；当人们关注并且欣赏生活中美好积极的事物，生活中就充满了各种可能性；当人们选择遭遇更少的痛苦，生活中就有了更多的幸福和满足。我们希望有越来越多的人接受并且实践理性情绪行为治疗，我们也希望曾经接受过理性情绪行为治疗训练的人，在今后的实践中继续传授并使用这一疗法。我们还希望理性情绪行为治疗将会在研究项目中得到证实。

我们由衷地希望理性情绪行为治疗可以继续帮助成千上万的人；希望随着时间的推移，这一疗法会变得更为具体和深刻；希望这一疗法会继续成长繁荣兴盛起来。我们预言这一切都会发生。

因为使用过这种疗法的人——认为这种疗法是有效的。

附录 1 关键术语表

理性情绪行为治疗中的 ABC 理论（ABC thory of rebt） 是描述产生情绪困扰的一套公式。A 是诱发性事件，或不幸事件；B 是信念或信念系统（可能是理性信念，也可能是非理性信念，或者两者兼而有之）；C 是后果（情绪后果、行为后果，或者两者兼而有之）。A×B=C。

往坏处想（AwfuLize） 认为一个糟糕的、不幸的或不便的情况不仅仅是不好，而是最为糟糕的——百分之百坏透了。这样做是因为夸大现实，对事情一概而论，结果是产生恐慌、抑郁或其他的破坏性情绪。

过于严重化（Catastrophize） 如同把事情往坏处想一样，把事情严重化是指消极的夸大现实，非理性地认为不好的或不方便的情况绝对是灾难性事情。与把事情往坏处想相似，把事情过于严重化的后果就是产生恐慌、焦虑或其他的不健康和破坏性情绪。

辩论（Disputing） 通过这一过程，非理性信念受到强有力的挑战，目标是削弱非理性信念，并最终不再相信这些非理性信念。辩驳的三种主要形式是现实性辩驳、合理性辩驳和务实性辩驳。

有效的新哲学（Dffective New Philosphies） 同非理性信念进行辩驳的结果是产生理性的理解。这些包括偏好、愿望并且避免强求。有效的新理念都是现实的和真实的，不夸张，也不过于笼统。目标是提高生活质量，不会导致诅咒自己、诅咒他人或诅咒世界。

心理疗法中核心的解决方案（Elegant Solutions in Psychotherapy） 力图将内在的非理性信念和自我挫败的理念转变为理性的和提高生活质量的理念，达到减少困扰的深刻改变，可以成为永久的改变。相反，非核心解决方案仅仅解决困扰的外在症状，针对目前存在的问题，仅仅追求实用的解决方案。

暴露技巧（Exposure Technique） 是理性情绪行为治疗中的一种行为技能，包括面对引发症状的情形，体验伴随着的思想和情感。

健康的负性情绪（Healthy Negative Emotions） 对于没有得到想要的东西或得到了不想要的东西的一种正确的、非破坏性的情绪反应。这些反应来自于理性思考。健康的负性情绪包括烦恼、挫折、担心、悲伤、后悔、伤心和失望。

高挫折承受能力（High Frustration Tolerance）（HFT） 这是一种反对把事情往坏处想的理念，接受并容忍生活中不喜欢，不想要，且改变不了的烦恼。这种方法会减少急躁，防止动怒。

系统脱敏疗法（In Vivo Desensitization） 理性情绪行为治疗中的一种行为技能，循序渐进布置一系列任务，在这些任务中，做自己害怕做的事情（没有伤害性的行为）以此克服恐惧。在脱敏疗法中，要不断提高任务的强度。

非理性信念（Irrational Beliefs）（IBs） 非理性信念会导致破坏性和不健康的负性情绪。这些包括硬性要求；把事情往坏处想和把事情严重化；诅咒自己、他人和生活。在事实和现实中找不到，他们夸张或扭曲事实，也包括低挫折承受性。

低挫折承受能力（Low Frustration Tolerance）（LFT） 与高挫折承受能力相反，包括抱怨、发牢骚、尖叫和当想要某种东西而没有得到时，不接受这种失望。低挫折承受能力产生不健康的状态，如不舒服、困扰、愤怒、自怜和抑郁。

多元模式（Multmodal） 同时使用很多治疗技能，如理性情绪行为治疗，包括认知技能、情绪技能和行为技能。

必须化的观念（Musturbation） 固执地强求事情必须要像他认为的方式发展；绝对化思维。固执经常会导致焦虑、抑郁和愤怒。

打你的屁股（Push Your Ass）（PYA） 是一种努力克服低挫折承受能力的方法，也是实施理性情绪行为治疗的过程。（也可以是打我的屁股 PMA，Push My Ass）

理性信念（Rational Beliefs） 是基于现实的信念，有利于产生正确的和健康的情绪。这种信念并不强求，并且包括希望和偏好。它包括无条件接纳自我、无条件接纳他人和无条件接纳生活；基于事实，采取一种健康的不夸张的观点；并包括高挫折承受能力。

继发性症状（Secondary Symptoms） 关于某人症状的症状，如某人对恐惧而产生的恐惧，因为焦虑而产生的焦虑，轻视自我，因为这一点而轻视别人。

固执的必须或应该信念（Tyranny of the Shoulds） 对卡伦·霍妮（1950）的理想化形象概念，因为这一点，我们折磨自己。固执的必须和应该信念意味着我们允许自己受到某些观念的困扰，这些观念使我们认为应该、必须实现自我创造的形象。

无条件接纳生活（Unconditional Life-Acceptance）（ULA） 无条件接纳生活和世界，包括其不公平和腐败堕落的方面。理性情绪行为治疗并不是容忍生活中的不公正、不公平或腐败堕落的行为，鼓励人们做力所能及的事情来更正生活中的错误。然而，无条件接纳生活力劝我们这样做的同时，不要有憎恨，并核心的接受目前我们不能改变的事物。

无条件接纳他人（Unconditional Other-Acceptance）（UOA） 无条件接受

所有的其他人，即便他们有时行为恶劣；不喜欢他人的罪恶，但并不一概而论，并认为他们就是十足的罪人。无条件接纳他人鼓励我们记住我们每一个人都是容易犯错的不完美的人，对于人类的缺陷，我们要有仁慈和悲悯之心。

无条件接纳自我(Unconditional Seif-Acceptance)(USA)　无条件接纳自我，就是接纳自己的缺点和失败。无条件接纳自我鼓励我们从我们的错误中学习，但并不贬低自己，认为我们自己是完全的错误和失败。它鼓励我们知道我们仅仅因为作为人而存在的价值，而不是因为做了某件纯粹的神圣的好事。无条件接纳自我是指断然地接受并尊重自己的一切，不管我们是否表现得好或得到了他人的认可。

不健康的负性情绪（ Unhealthy Negative Emotions ）　破坏性情绪来源于非理性信念。这些包括深度焦虑、抑郁、愤怒、罪恶、羞愧、伤害、嫉妒和低挫折承受能力。

附录 2　本书部分词语英汉对照表

ABC theory of REBT（ABCs, ABCDE theory）

理性情绪行为治疗的 ABC 理论（ABC 理论，ABCDE 理论）

Absolutistic thinking　　　　　　　绝对性思维

　　brief therapy to overcome　　　克服 ~ 的短程治疗

　　in depressive disorders　　　　抑郁症中的 ~

　　and Korzybski's theories　　　~ 与科日布斯基理论

　　lack of research on　　　　　缺乏对 ~ 的研究

　　using rational coping philosophies to overcome

运用理性应对哲学克服 ~

Acceptance and commitment therapy　接受与实现疗法

Activating events（in ABC theory）　诱发事件（ABC 理论中的）

Active-directive therapy　　　　积极—指导式疗法

Addictions (addictiveness)　　　　成瘾（上瘾）

Adler, Alfred　　　　　　　　阿尔·弗雷德阿德勒

Albert Ellis Institute　　　　　　阿尔伯特·艾利斯研究所

All Out: An Autobiography（Albert　Ellis）

《全力以赴：自传》（阿尔伯特·艾利斯）

American Psychological Association

美国心理学会（APA）

Anger, extreme　　　　　　　极端愤怒

Antidepressants　　　　　　　抗抑郁药

Diagnostic and Statistical Manual of Mental Disorders（*DSM–IV–TR*）

《精神疾病诊断与统计手册》（*DSM–IV– TR*）

Disappointment	失望
Discernment	识别
Disclosure, in group therapy	在团体治疗中的暴露
Disputing	辩驳
defined	~ 的定义
in group therapy	团体治疗中 ~
Disputing tapes	争论的录音
Distraction（cognitive technique）	分散（认知技能）
Diverse clients, working with	和与各种来访者工作

DSM–IV–TR（*Diagnostic and Statistical Manual of Mental Disorders*）

《精神疾病诊断和统计手册》

Dubois, Paul	保罗·迪布瓦
Dyer, Wayne	韦恩·戴尔
Dysthymic disorder	心境恶劣

Educational aspects of REBT	理性情绪行为治疗的教育方面
Effective new philosophies	有效的新哲学
Elegant approach（elegant solutions）	最优方法（最优解决方法）
Ellis, Albert	阿尔伯特·艾利斯
Ellis, Debbie Joffe	黛比·约菲·艾利斯
Emotive-evocative techniques	情绪—唤醒技能
Empowerment	授权
Endogenous depression	内源性抑郁
Enlightened self-interest	开明自利
Epictetus	伊壁鸠鲁
Ethics	伦理学
Evaluation of REBT	对理性情绪行为治疗的评价

Reeve, Christopher	克里斯托·弗吕富
Reindoctrination	教化
Reinforcements, using	使用强化
Reinforcing penalties, using	使用强化惩罚
Relapse prevention	预防复发
Relapses	复发
Relationship issues, helping clients with	帮助具有人际关系问题的来访者
Report forms, homework	报告单，家庭作业
RET（rational emotive therapy）	RET（理性情绪疗法）
Rewards	奖励
Rigby, Ken	肯恩·瑞格
Rogers, Carl	卡尔·罗杰斯
Role–playing	角色扮演
Russell, Bertrand	伯特兰·罗素
Schizophrenia	精神分裂症
Schoolchildren, working with	与学生工作
Science and Sanity（Korzybski）	《科学和理智》（科日布斯基）
Sencondary symptoms	继发性症状
Self-defeating behavior	自我防御行为
Self-downing	自我贬抑
Self–interest, enlightened	燃起自我兴趣
Seligman, Martin	马丁·塞里格曼
September 11, 2001 terrorist attacks	2001 年 9 月 11 日恐怖袭击事件
Shame	羞愧
Shame-attacking exercises	羞愧体验练习
Skill training	技能训练
Skinner, B. F.	B. F. 斯金纳
SMART（self-management and recovery training）	SMART（自我管理和恢复训练）

Unhealthy negative emotions	不健康的负面情绪
Violence	暴力
War	战争
Watson, John B.	约翰·B. 华生
White, M.	M. 怀特
Wolpe, Joseph	约瑟夫·沃尔普
Work	工作
Our Erroneous Zones（Dyer）	《我们的误区》（戴尔）

致　谢

衷心地感谢蒂姆·卢尼昂（Tim Runion），感谢他排的版一如既往的优秀，感谢他的慷慨。

感谢乔恩·卡尔森（Jon Carlson），我亲爱的大学同学，也是激励我的人和朋友。这本书是阿尔伯特·艾利斯（Albert Ellis）博士和他的妻子黛比·约菲·艾利斯（Debbie Joffe Ellis）博士，在他2007年7月24日在纽约逝世前的最后一部合著。

关于作者

阿尔伯特·艾利斯（Albert Ellis），博士，1913年9月27日生于匹兹堡（Pittsburgh），在纽约市长大。他毕业于纽约市内的哥伦比亚大学，并获得临床心理学硕士和博士学位。艾利斯博士曾在心理学领域担任过众多重要职位，其中包括新泽西州（New Jersey）的首席心理学家，罗格斯（Rutgers University）大学和其他大学的兼职教授。他从事心理治疗、婚姻家庭咨询和性治疗已超过65年。他是理性情绪行为治疗（REBT）的创始人，也是第一个从事认知行为治疗的人。1959年，他成立了阿尔伯特·艾利斯研究所，并为研究所的研究和发展作出了巨大的贡献。然而，在他晚年，他认为研究所的理事们并没有完成他们的使命。

艾利斯博士曾担任美国心理学会（APA）的心理咨询学会部和性科学研究社团的主席，也曾在美国婚姻和家庭治疗协会、美国心理治疗师学会、美国性教育工作者学会、性顾问和性治疗师学会等其他专业团体中担任官员。他是美国职业心理学临床心理学委员会和其他一些专业委员会的专科治疗师。

艾利斯博士曾获得包括美国心理学会、高级行为治疗学会、美国咨询学会、美国心理治疗学会等多种专业学会授予的最高专业和临床奖项。他被美国及加拿大的心理治疗和咨询学家评为最有影响力的心理学家之一。他曾经担任许多科学杂志的顾问或副主编，并发表了 80 多部合著和专著，其中有几本是最为畅销和受欢迎的专业书籍，其中有《如何与神经症患者生活》（*How to Live With a Neurotic*）、《爱的艺术和科学》（*The Art and Science of Love*）、《理性生活指南》（*A Guide to Rational Living*）、《心理治疗中的理智与情感》（*Reason and Emotion in Psychotherapy*）、《如何坚定使自己拒绝对任何事情产生痛苦——是的，任何事情》（*How to Stubbornly Refuse to Make Yourself Miserable About Anything——Yes, Anything*）、《克服拖沓习惯》（*Overcoming Procrastination*）、《克服阻力》（*Overcoming Resistance*）、《理性情绪行为治疗实践》（*The Practice of Rational Emotive Behavior Therapy*）、《如何减少困扰并让自己快乐》（*How to Make Yourself Happy and Remarkably Less Disturbable*）、《感觉更好、越来越好、保持更好》（*Feeling Better, Getting Better, Staying Better*）、《战胜负性观念，负性情绪和负性行为》（*Overcoming Destructive Beliefs, Feelings, and Behaviors*）、《愤怒：如何面对愤怒，如何消除愤怒》（*Anger: How to With and Without It*）、《问问阿尔伯特·艾利斯》（*Ask Albert Ellis*）、《21 世纪没有罪恶感的性爱》（*Sex Without Guilt in the Twenty-First Century*）、《建立亲密关系》（*Making Intimate Connections*）、《理性情绪行为治疗：适合我，也适合你》（*Rational Emotive Behavior Therapy: It Works for Me, It Can Work for You*）、《宽容之路》（*The Road to Tolerance*）、《自尊的神话》（*The Myth of*

Self-Esteem）。2010 年，艾利斯的自传《全力以赴》（*All Out*），以及其他的著作或与其妻黛比·约菲·艾利斯博士的合著已经出版。

2007 年 7 月 24 日，阿尔伯特·艾利斯与世长辞。

黛比·约菲·艾利斯（Debbie Joffe Ellis），出生并成长在澳大利亚的墨尔本市，是澳大利亚的执业心理学家和美国纽约的执业心理健康顾问。她与一些主要的心理学会建立了密切的联系，其中包括美国心理学会、美国团体治疗学会和澳大利亚心理学会。

她从印度非传统医学委员会（Indian Board of Alternative Medicine）获得替代医学博士学位，印度非传统医学委员会隶属于世界卫生组织，并且她获得该委员会颁发的金质奖章，表彰她在非传统医学领域所作出的贡献。

在澳大利亚，她忙于自己的私人诊所；讲授大学课程，如理性情绪行为治疗（REBT），咨询和自我发展；进行公开的专业工作坊或讲学。在美国，和她的丈夫阿尔伯特·艾利斯一起合作，发表公开理性情绪行为治疗专题讲学，举行理性情绪行为治疗培训，并与艾利斯合著、共同进行研究项目，直至 2007 年艾利斯去世。

为了她的丈夫，她继续介绍艾利斯伟大的具有开创性意义的治疗方法，并且继续从事理性情绪行为治疗。目前，她在纽约市开办一家私人诊所，她在整个美国甚至地球各地，发表关于理性情绪行为治疗的讲学、举办理性情绪行为治疗的工作坊和研讨会。她的网址：http//www.debbiejoffeellis.com。

丛书主编简介

乔恩·卡尔森（Jon Carlson），心理学博士、教育博士，美国专业心理学委员会成员，他是一位杰出的心理学教授，在位于伊利诺伊州大学城的州长州立大学（Governors State University）从事心理咨询工作，同时，他也是一位就职于威斯康星州日内瓦湖的健康诊所（Wellness Clinic）的心理学家。卡尔森博士担任好几家期刊的编辑，其中包括《个体心理学杂志》（*Journal of Individual Psychology*）和《家庭杂志》（*The Family Journal*）。他获得了家庭心理学和阿德勒心理学的学位证书。他发表的论文有 150 余篇，出版图书 40 余部，其中包括《幸福婚姻的 10 堂必修课》（*Time for a Better Marriage*）、《阿德勒的治疗》[1]（*Adlerian Therapy*）、《餐桌上的木乃伊》（*The Mummy at the Dining Room Tab*）、《失误的治疗》（*Bad Therapy*）、《改变我的来访者》（*The Client Who Changed Me*）、《圣灵让我们感动》（*Moved by the Spirit*）。他与一些重要的专业治疗师和教育者一起，创作了 200 余部专业录像和 DVD。2004 年，美国心理咨询学会称他是一个"活着的传说"。最近，他还与漫画家乔·马丁（Joe Martin）一起在多家报纸上同时

---

[1]《阿德勒的治疗》，2012 年 1 月，重庆大学出版社。

刊登了忠告漫画《生命边缘》（*On The Edge*）。

　　马特·恩格拉 - 卡尔森（Matt Englar-Carlson），哲学博士，他是富乐顿市加利福尼亚州立大学（California State University）的心理咨询学副教授，同时也是位于澳大利亚阿米德尔市的新英格兰大学（University of New England）保健学院的兼职高级讲师。他是美国心理学会第 51 分会的会员。作为一名学者、教师和临床医生，恩格拉 - 卡尔森博士一直都是一位勇于创新的人，他在职业上一直充满激情地训练、教授临床医生更为有效地治疗其男性来访者。他的出版物达 30 多部，在国内和国际上发表了 50 多篇演讲，其中大多数的关注焦点都是集中于男性和男性气质。恩格拉 - 卡尔森博士与人合著了《与男性共处一室：治疗改变案例集》（*In the Room With Men: A Casebook of Therapeutic Change*）和《问题男孩的心理咨询：专业指导手册》（*Counseling Troubled Boys: A Guidebook for Professionals*）。2007 年，男性心理研究学会（Society for the Psychological Study of Men and Masculinity）提名他为年度最佳研究者。同时，他也是美国心理学会致力发展男性心理学实践指导方针工作小组的成员。作为一位临床医生，他在学校、社区、大学心理健康机构对儿童、成人以及家庭进行了广泛的治疗。

鹿鸣心理（心理治疗丛书）书单

书　名	书　号	出版日期	定　价
《生涯咨询》	ISBN:9787562483014	2015年1月	36元
《人际关系疗法》	ISBN:9787562482291	2015年1月	29元
《情绪聚焦疗法》	ISBN:9787562482369	2015年1月	29元
《理性情绪行为疗法》	ISBN:9787562483021	2015年1月	29元
《精神分析与精神分析疗法》	ISBN:9787562486862	2015年1月	38元
《认知疗法》	ISBN:待定	待定	待定
《现实疗法》	ISBN:待定	待定	待定
《行为疗法》	ISBN:待定	待定	待定
《叙事疗法》	ISBN:待定	待定	待定
《接受与实现疗法》	ISBN:待定	待定	待定

请关注鹿鸣心理新浪微博：http://weibo.com/555wang，及时了解我们的出版动态，@鹿鸣心理。

鹿鸣心理（心理咨询师系列）书单

书　名	书　号	出版日期	定　价
《焦虑症和恐惧症———一种认知的观点》	ISBN:9787562453499	2010年5月	45.00元
《超越奇迹：焦点解决短期治疗》	ISBN:9787562457510	2010年12月	29.00元
《接受与实现疗法：理论与实务》	ISBN:9787562460138	2011年6月	48.00元
《精神分析治愈之道》	ISBN:9787562462316	2011年8月	35.00元
《中小学短期心理咨询》	ISBN:9787562462965	2011年9月	37.00元
《叙事治疗实践地图》	ISBN:9787562462187	2011年9月	32.00元
《阿德勒的治疗：理论与实践》	ISBN: 9787562463955	2012年1月	45.00元
《艺术治疗———绘画诠释：从美术进入孩子的心灵世界》	ISBN:9787562476122	2013年8月	46.00元
《游戏治疗》	ISBN:9787562476436	2013年8月	58.00元
《辩证行为疗法》	ISBN:9787562476429	2013年12月	38.00元
《躁郁症治疗手册》	ISBN:9787562478041	2013年12月	46.00元
《以人为中心心理咨询实践》	ISBN:9787562453512	2014年12月	待 定

图书在版编目（CIP）数据

理性情绪行为疗法 /（美）艾利斯（Ellis, A.），
（澳）艾利斯（Ellis, D.J.）著；郭建，叶建国，郭本禹译. ——
重庆：重庆大学出版社，2015.1（2023.9重印）
（心理咨询师系列. 西方主流心理治疗理论）
书名原文：Rational emotive behavior therapy
ISBN 978-7-5624-8302-1

Ⅰ. ①理… Ⅱ. ①艾… ②艾… ③郭… ④叶…
⑤郭… Ⅲ. ①情绪—行为疗法 Ⅳ. ①B842.6②R749.055

中国版本图书馆CIP数据核字（2014）第210664号

理性情绪行为疗法

（美）阿尔伯特·艾利斯（Ellis, A.）
（澳）黛比·约菲·艾利斯（Ellis, D.J.）　　著

郭建　叶建国　郭本禹　译

策划编辑：王　斌　敬　京
责任编辑：敬　京
责任校对：邹　忌

重庆大学出版社出版发行
出版人：陈晓阳
社址：（401331）重庆市沙坪坝区大学城西路21号
网址：http://www.cqup.com.cn
重庆市正前方彩色印刷有限公司印刷

开本：890mm×1240mm　　1/32　印张：6.875　字数：140千
2015年1月第1版　　2023年9月第6次印刷
ISBN 978-7-5624-8302-1　定价：29.00元

版贸核渝字（2013）第48号